U0346811

玉渊樱话

许晓波/等编著

王涧溪

化学工业出版社

·北京·

本书以玉渊潭樱花景观为开篇，介绍了赏樱、识樱和栽培樱花的相关知识。包括樱花节、引种栽培、历史、花期预测、樱属分类和40余个种与品种详解等五章。

本书可供樱花爱好者欣赏，也可供樱花种植、养护者阅读参考。

图书在版编目（CIP）数据

玉渊樱话/许晓波等编著. —北京：化学工业出版社，2019.2

ISBN 978-7-122-33686-6

Ⅰ.①玉… Ⅱ.①许… Ⅲ.①蔷薇属-观花树木-观赏园艺-北京 Ⅳ.①S685.12

中国版本图书馆CIP数据核字（2019）第005781号

责任编辑：王苏平　　　　　　　　　装帧设计：刘丽华
责任校对：边　涛

出版发行：化学工业出版社（北京市东城区青年湖南街13号
　　　　　邮政编码100011）
印　装：北京新华印刷有限公司
880mm×1230mm　1/32　印张5$\frac{1}{4}$　字数130千字
2019年3月北京第1版第1次印刷

购书咨询：010-64518888　　售后服务：010-64518899
网　址：http://www.cip.com.cn
凡购买本书，如有缺损质量问题，本社销售中心负责调换。

定　价：49.00元　　　　　　　　　　　版权所有　违者必究

正值玉渊潭公园迎来樱花节30周年，相伴樱花几十年，我很想在惜别之际，把它的故事分享给你。

园林中的樱花之美，需要静下来感悟。让人一见倾心的樱花，被赋予各种情感。无论春风骀荡时的含苞初绽，或是细雨霏霏中的缤纷落英，都能让人触景生情。我借古诗与美图，凑成"诗情画意"于开篇，是希望能带给你触动内心的美好意境。

"樱花漫谈"，基于樱花节的专家导赏活动，我邀请了几位同事，共同讲述如何分辨和引种樱花、常见造景设计、樱花病虫害、樱花节活动以及花期知识。讲述角度各有不同，如果你想种植樱花，这些是常识。而选择合适的品种，更能事半功倍。

"樱属分类"中，我按李属、中国樱属、日本樱花三个方面简要介绍，并分述了江户彼岸、山樱、寒绯樱等种群特征及其品种。其中中国樱花品种还为数不多，研究也还浅。在"缤纷品种"里，列举了40多个种与品种，大部分北方能种植，也包括国产樱花代表（北方并不适合种植）——云南冬樱（高盆樱）、福建山樱（钟花樱）及华中樱、尾叶樱等种类。从分布适应性、树形树势和花朵特点等方面简单描述，便于爱花的你能够初步识别、了解它们。适合你所在的地区生长，才是好品种。

樱花美丽却又自带伤感属性，它们客居北京饱受不适。每次徜徉在姹紫嫣红的春光里，眼看"在水一方"越来越多，"杭州早樱"越来越多，都倍感慰藉。我有幸在这几十年里，认识并推出了众多樱花品种，结识了众多爱樱的朋友。同时更感谢老师傅、各位园长、领导和同仁，有他们的共同栽培，才让樱花遍开在玉渊潭公园。在"玉渊潭樱花简史"章节，能略见一斑。

本书承蒙北京市公园管理中心资助出版。玉渊潭公园领导鲁勇、原蕾参与创意、策划甄选，董亚力提供大量风景图片，胡娜、章艳林、孙玉红及刘玉英等同志参与撰写，梁莹负责图文设计编辑等工作。在此深表感谢！

汇聚成书，让我重新整理知识，但限于才疏学浅，其中难免各种疏忽与纰漏，敬请谅解。

许晓波

2018 年 9 月于玉渊潭公园

一、诗情画意

张长敬　2017 年摄影比赛优秀奖

刘薇　2018 年摄影比赛二等奖

含笑不言春淡淡，
试妆未遍雨潇潇。

宋·毛滂

玉渊潭公园位于北京市西三环内，占地130余公顷，水阔林丰，园貌舒朗。30余年来的建设，使得这里的樱花出落得"淡妆浓抹总相宜"。

1990年，中央电视塔和樱花园同期建设，登塔俯瞰抑或园内借景，让二者景观相得益彰。京城春天多风少雨，是日清明花期将过，下午却雨雪纷飞——难得烟雨朦胧入画来。

樱花园建于1989～1992年，位于公园西北角，占地20余公顷，目前园内有30余个品种，近1500株樱花，占全园樱花的六成。历经多次完善和补充栽培，樱花园成了全园踏青赏春最繁华处。主景水榭——鹂樱苑为其代表建筑，周边大山樱及老樱林立，是较早的热门景点区域。水榭和樱林连接成一道烂漫春景线，与高耸的中央电视塔，及碧波荡漾的水面，构成节奏起伏的代表景致。

叶春　2017年摄影比赛优秀奖

花滴露，柳摇烟，艳阳天。

雨霁山樱红欲烂，谷莺迁。

五代·欧阳炯

蔼蔼美周宅，樱繁春日斜。

一为洛下客，十见池上花。

烂漫岂无意，为君占年华。

风光饶此树，歌舞胜诸家。

唐·白居易

已是春深，樱花园山北，池塘边的护栏与晚樱的姹紫嫣红相映成趣。20世纪90年代樱花园初建，大量种植晚樱，目前较大植株有30余岁。俗语说樱花如美人，树态和花朵都丰腴的晚樱，正值风华正茂，是仲春不可错过的景色。

董亚力　2018年4月10日摄

曹冰　2018 年摄影优秀奖

樱花落尽阶前月

晚唐·李煜

　　赏樱最佳为何时？不同情境下各有千秋。初绽的花蕾是淡涂胭脂欲掩还露的娇羞；盛开时是灿烂辉煌摄人心魄；而花落则是华美谢幕，花瓣随风飞舞纷纷扬扬，是"花吹雪"，是疏狂后的宿醉，是"乱红飞过秋千去"。人在落花流水处，是怎样的心情？落花寂寂和刹那芳华，都是人世间境遇。

櫻花红陌上，柳叶绿池边。

周恩来

董亚力　2018 年 3 月 30 日摄

　　櫻花园柳堤，隔开两岸水色，蜿蜒穿越西湖。游人在堤上，步移景异四时不同，所谓"凌波不过横塘路"。北方初春的柳色，是淡淡的嫩绿，比起"遥看草色"更真实，比常绿树的浓重更清新。柳色与湖水映衬着浅淡櫻树，才觉春意盎然。

涧水初流碧，山樱早发红。

新禽争弄响，落蕊乱从风。

南北朝·萧填

苟永明　2017年最佳早樱景观奖

　　樱花园水榭西岸原为开阔大草坪，在2005年秋，50余株染吉野在此安家，十余年过去，樱花树木挺拔葱茏，花期远眺群体效果突出，置身其中花若云烟。这里仍被称为大草坪景点，现为赏樱代表处。"宿露发清香，初阳动暄妍"。鸳鸯游弋，鸟鸣不绝，晨间画卷自然清新。

晓觉笼烟重，春深染雪轻。静应留得蝶，繁欲不胜莺。

唐·温庭筠

陈燕华　2018年组照优秀奖

　　樱棠春晓景点在樱园山北，原来植有婀娜的垂樱和丰饶的晚樱，这里的垂丝海棠、西府海棠与晚樱'关山''普贤象'等品种花开之时此起彼伏，姹紫嫣红。用"上帝的视角"看此景，颇有曲径通幽之意。2000年此处地形改造，增植不少自育樱苗，带有大岛及大山樱基因的他们，或香味淡淡，或身姿挺拔。里面也有些是遗失的引入品种比如'胡蝶'，还有的樱树被命名为'醉红'。

御苑含桃树，花开作雪看。

明·吴国伦

天色渐暗，喧嚣庭院渐趋宁静。鹂樱苑（又名知鱼榭）灯色温暖，淡淡的茶香弥漫开来。被南来熏风吹醒的樱花，在夜色中摇曳生姿。秉烛夜赏的雅兴，是"风花雪月"；是"只恐夜深花睡去"；更有雅量高致的人"开琼筵以坐花，飞羽觞而醉月"——这样的良辰美景，人生得遇几回？

董亚力　2018 年 3 月 30 日摄

二、樱花漫谈

春帘　李小柯　2017 年摄影比赛二等奖

（一）樱之缘

／章艳林／

一年又一年，一春又一春，我和你执手相约玉渊潭。温润的空气、融动的湖水、渐绿的柳枝，一起来闭上眼睛，用身心感受春的气息！

初相见，我不懂你的魅力

你来自北海道，在1975年春悄然绽放。满树嫣红的你，从此开启了北京玉渊潭公园的新颜。渐渐地，你成为春季观赏的新星。1989年你所在的鹂樱园，短短十日竟吸引了8万余游客。不只是我，被你惊艳。

你的家族和地盘在这里慢慢变大，玉渊潭公园的樱花园，成为华北地区最大的樱花观赏区。你越来越被大家喜爱，2004年的第16届樱花节，25天的活动，公园游客突破百万。这是缘于京城春天的魅力，还是仅仅因为你？

为你而开的节庆已然30届，在八方游客心目中，你已成为了当之无愧的热点。2016年春季腾讯位置大数据分析，社交分享最多的春花，你高居春日的榜首。

你情怀雅致，兼具盛开时的绚烂和凋零时的凄美。花开时铺天盖地挤着、拥着，聚在一起的花朵缀满枝头，如云似霞，堆云叠雪，遮天蔽日。然而一夜风雨过后，满树繁花纷纷飘落，为哺育你的大地铺上一层厚厚的花毯。

对于许多春季花卉来说，花期短暂和不耐风雨是观赏特性中的无奈，但对于你，却别具一番情致，无论是观赏、绘画，抑或是作诗、摄影，都让人意犹未尽，回味无穷。

再相知，我惊叹你的神奇

相识才知你姐妹多，原产于中国的杭州早樱，在这里有着"消息树"和"报春使者"的美名。其树型姿态俊朗，花瓣细长娟秀，盛开时深红的花萼与纤长的花丝在晨曦中依偎相长，花型清新可人，被喻"初恋"意味。我渐渐才知道，留下你来，其实是几辈育樱人数十年坚持不懈的耕耘和守护。

染井吉野、阳光、美丽坚、大提灯、白妙、郁金、一叶、兰兰等等，如今的玉渊潭公园内，可供游客观赏的樱花品种已达到34个。你每个出落得光彩照人的姐妹背后，都有一段感人至深的故事。

你从最初入住鹂樱园，遍布樱花园，到2005年前后亮相"早樱报春""樱棠春晓""友谊樱林""玉树临风""鹂樱绯云""在水一方""樱缤之路""银树霓裳"八景，再到绽放"樱花大草坪""林地樱花""千米樱堤""湿地樱花""樱花大道"等，无一不让游客沉醉其中、流连忘返。我相信，你的明天将更加多姿多彩。

为了让八方宾朋不错过你一年一度的"醉"美容颜，从含苞、半开、盛放，直至红颜飘落，在早晚樱一个个"花开七日"的花期接续中，不同品种的你聚焦在首都各大媒体的闪光灯下，出现在各家媒体的报道中，向京城内外传递着草长莺飞、水清山明、百花争奇斗艳、四方宾客云集的春的信息。

都说"年年岁岁花相似，岁岁年年人不同"，然而每年春天的你，都以不同的容颜在人们心中印刻出一幅幅美丽的春天画卷。

新华社　李俊东摄

长相守，我陪你迎接未来

和你相识相知的这些年，每年春天，我的心都会灿烂成一树樱花，伴随着春风一起妖娆。三十年来，观赏会、游园会、樱花节、樱花季等节庆，都随你而动，因你而来。

那些"早春的祝福""放飞春天""转动春天""敲响春天""春到玉渊潭""花开如意""樱花情，中国结""玉龙逢盛世，樱红不问春""花开盛世，樱红探春""畅想春天"等等极具诗意的符号，都和你紧密相连。

樱树下，你不仅见证了家人的亲情、朋友的欢聚、情人的甜蜜；樱林里，你更是见证了"最美保安"的英姿，"文明使者"的风采，"樱花认养人"的情怀……听，樱园里，丝竹乐袅袅为你而奏，啪啦啪啦的舞蹈为你而欢跳，数以万计的摄影人咔嗒咔嗒按下快门，为你留下珍贵的记忆。

如今，"小樱"欢快地出现在抱枕、胸牌、手机支架、马克杯、风车等特色产品上，樱花雪糕、樱花饼、樱花可乐成为我们招待远方客人的代表。你印在了中堤桥畔，印在远香园的路上，印在了高德地图的导航语中，印在了见你花开的手机里，也深深印进了每一个与你结缘人的心中。

　　初相见、再相知与长相守，述不尽与你的不解缘！

　　玉渊湖畔柳桥边，花颜映水，春日烂漫；鹂樱园外名亭旁，暖风拂樱，落雪缤纷。

　　又到一年赏樱时，春又来了，你可安好？

（二）认识那片美丽

/ 胡娜 /

　　步入三月，春的脚步慢慢临近。钢筋水泥的城市之中，花儿的身影逐渐显露，为这座城市增添了丝丝灵动。经过了漫长的严冬，"桃树、杏树、梨树，你不让我，我不让你，都开满了花赶趟儿"。除了上面提到的这些花，在北京地区，还有一种花，在春日里为这座城市增添了一抹靓丽的色彩，而她就是我们今天的主角——樱花。

　　说起樱花，人们总是不自觉地想到日本。其实，樱花并不是日本独有的物种，她在世界范围都有生长。我国是樱属植物分布中心之一，有着丰富的樱花资源。据《中国植物志》英文修订版的统计，中国有樱桃43种（包括7种矮樱），其中29种为中国特有种。野生樱桃在数百万年前诞生于喜马拉雅，而现在的园艺栽培品种多源于日本，主要是由大岛樱、江户彼岸、寒绯樱、山樱、大山樱等杂交培育而成的。

　　樱花，植物学分类上属于蔷薇科，李亚科，樱属。樱花被人们喜爱，多半源于她花开时的热烈奔放。而面对满眼的春花，如何识别樱花，往往会难倒不少人。这些同属于蔷薇科的植物，花朵的颜色与形状都分外接近。樱花由于品种众多，次第开放，在北京地区，樱花的花期能够持续近一个月的时间。这期间，梅、桃、杏、李、梨、海棠等都会竞相开放。因此，区分她们似乎变得更为困难。

虽然"百花齐放春满园"，但是抓住几个要点，我们还是能够在群花中区分出樱花的，见下图。

新叶折叠长出

有缺刻

单柱头

一个花苞多个花蕾

有花柄

大岛樱手绘图

（注：出自日本三好学《樱花图谱》）

第一，看花梗。梅、桃、杏等的花贴枝而生，花梗很短，而樱、李、海棠、梨等的花梗普遍都比较长，因此，通过观察花梗长度，就可以将樱花与梅花、桃花、杏花区分开。此外，樱花的一个花苞（芽）含有多个花蕾（花序），而梅花、桃花、杏花的花苞（芽）只有一朵花。

　　第二，看柱头。海棠与梨常有多枚柱头，而樱与李大部分只有一枚柱头，通过柱头数量，可以将樱花与海棠花、梨花区分开。

　　第三，看花瓣、新叶和小枝。樱、李的分类关系极近，因此，这两个物种最难区分。樱花的花瓣边缘有缺刻，新叶对折而出，枝头有顶芽。而李花的花瓣边缘没有缺刻，新叶是席卷而出，枝头常没有顶芽。通过这三个小细节，便可以将樱花同李花区别开来。

　　运用这三个方法，我们基本可以将樱花从春花中识别出来。除了上面介绍的特点之外，樱花树皮比较光滑，有气孔，这些也可作为区别于其他春花的特征。

　　就北京地区而言，樱花大体可以依据花期粗略划分为早樱、晚樱两大类。早樱往往是单瓣的，树型相对高大。常见的早樱品种有杭州早樱、大山樱、山樱、染井吉野、垂枝樱等。晚樱多是重瓣的，树型相对矮小一些。常见的晚樱品种有一叶、关山、普贤象、郁金等。早、晚樱花期的中间，还有一些半重瓣的品种，如白妙、八重红枝垂、八重红大岛、松前红绯衣等，成为贯穿起樱花花期不可或缺的组成部分。

　　不同地区对于樱花类别的划分，有着各自的地域特点。例如江浙地区，将染井吉野之前开放的樱花，归为早樱；将与染井吉野花期接近的，归为中樱；将晚于染井吉野花期的，归为晚樱。除了早、中、晚樱之外，当地还有部分冬樱和两季花的品种，单独归入一类。这样划分，是因为当地可以种植的樱花品种，远多于北京地区。而其樱花的花期会持续更长的时间，往往春季的赏花期，从二月下旬就开始了。

讲到这里，相信很多朋友会不自觉地想到樱桃。相比于春日短暂开放的樱花，在日常生活中我们似乎更容易接触到樱桃。樱桃往往在5月份上市，供应时间会持续数月之久。现在我们甚至能在冬季，吃到来自南半球的樱桃。所以，很多人会有下面的疑问：樱花与我们常吃的樱桃究竟有什么关系呢？是不是同一种植物呢？细心的游客朋友甚至会发现，有些樱花花落之后会结果，那么这些果实是樱桃吗？而樱桃结果之前也必然会开花，这些花可以称为樱花吗？

其实我们常吃到的樱桃和我们看到的樱花，都属于樱。在漫长的进化过程中，一些原生种的樱，因为花朵美丽，被人们加以利用，培育成不同栽培品种的樱花，大部分被人们习惯性地称之为"××樱花"；而一些原生种的樱，因其果实美味，被逐渐改良成我们现在吃的樱桃，大部分被人们习惯性地称之为"××樱桃"。

现在我们在市面上买到的樱桃，颜色偏红偏黑，个大饱满、酸甜爽口，多是由欧洲甜樱桃（*Cerasus avium*）培育而来的品种，又被音译为"车厘子"。而原产自我国的樱桃（*Cerasus pseudocerasus*），偏橙黄色，个头小、质地软、不耐运输，多被用于制作罐头。我们通常见到的樱花，有些在花谢了之后，也能结出果实。但这些"樱桃"个子往往很小，常常还没到成熟就被鸟儿给吃了。在《吕氏春秋》中，樱桃被称作含桃，就是因为这种小果子往往会被鸟类啄食，故被古人命名为"含桃"。

所以我们可以这样理解，樱花与樱桃，好似兄弟俩，长大之后分别从事了不同的工作，因此也就对人类有了不同的贡献。

杭州早樱的果实

（三）景观设计

/孙玉红/

毫不夸张地说，樱花凭借其独特的魅力征服了全世界！在日本的公园、寺院、山川街道，樱花的倩影随处可见；在我国内地，从西南边陲的云贵，到东北部的黑龙江，也都有了樱花的栽植；在北美无论是华盛顿的潮汐湖畔、纽约布鲁克林植物园、西雅图的校园，还是温哥华的城市街道等等，樱花都是倍受推崇的主角。

樱花品种丰富，色彩多变，树形多姿，适应区域广泛。早樱清新淡雅，晚樱妖娆浓重，垂樱妩媚飘逸……樱花之美不仅是其本身特色，更需要与之相协调的环境衬托。在园林中，樱花既可简洁到独木成景，也可融入一个小小的庭院。最令人感到震撼的樱花景观，是那些花开如云的行道树；是开阔草坪远处那一道花景线；有时仅仅是一泓碧水边探出的白色花枝，轻易就拨动了心弦。樱花景观搭配形式丰富多彩，常见为以下几个方面。

❀ 1. 夹道景观

该景观以等距列植的形式，应用在道路两侧或河道旁。以树形高大且整齐一致的品种为主，花期如雪如云。顺向而望，给人以视觉上的延伸感和一定的视觉冲击。较宽的干道，以分支点较高的苗木如吉野樱、大山樱或者南方常见的河津樱等品种为主，栽植时给每个树冠留足宽度为 3 ～ 5 米的绿地供其延伸。蜿蜒或笔直的游步道可尝试各个品种，比如在温哥华也有选用直立的大山樱系列、美丽坚或者晚樱品种。不过同一道路的品种应保证一致性。

　　低层搭配则以低矮整齐的小灌木绿篱花篱，或简洁的地被草坪为主要形式。北方常用大叶黄杨、小叶黄杨、金叶连翘、棣棠等；温暖地区还有杜鹃、石楠、红花檵木等，可选植物种类更加丰富。地被则选用洋水仙、郁金香、葡萄风信子等早春开花的球根花卉，这些花与樱花花期相近，可丰富观赏色彩与层次。草坪以麦冬草、涝峪苔草等常绿草种和返青早的冷季型草坪为主，以起到底色的衬托作用。背景搭配方面，南方可使用攀缘植物或树墙，作为路与建筑之间的遮挡；北方可以常绿植物作远景衬托。这类突出主景树的搭配原则，同样适用于有一定宽度的城市绿地植物园以及专类园。

✿ 2. 滨水景观

滨水景观在日本是最常见的景观，国内也不乏其例。在湖畔、溪流等水边，以列植或自然式种植的方式，形成疏影斜枝或樱花水岸相映的景观效果。在宽阔的水面荡舟或对岸欣赏，最吸引人之处便是水中倒影之美，以及花瓣浮在水面，随水波的荡漾形成的涟漪之美。在山中随溪流曲转，错落有致地布置樱花，潺潺溪水与樱花的静影婆娑，不同角度的动静相宜，仿佛人在画中游。无锡鼋头渚的长春桥、杭州的太子湾等，都是利用多层次水面空间与樱花布置相结合的成功范例。

常选用的品种为染井吉野，她单瓣、花量大、枝条舒展，能形成顺坡而下的花瀑。江户彼岸、垂樱等树形舒展、姿态轻盈的品种樱花也有栽植。水边种植应避免汛期根系出现涝害，否则景观会很快衰退，在设计阶段需综合考虑。可参考日本疏水通道的樱树，其种植地点距离常水位有较高的落差，这样就可保证樱花特殊情况下仍然能够健康生长。

由于岸边多为坡地形，水分不易存留，应选择耐旱性草种和地被作为简单底色，如岸肩较窄，可考虑增加规整的绿篱。

❀ 3. 片林景观

在有较大空间的前提下，缓坡、山体都适宜营造片林式景观，多层种植具有更大的群体体量，前景有草坪或水面拉开视距，使视觉空间更开阔，更具远观效果。通过背景常绿树的深绿色与樱花的雪白色对比，以及不同树形姿态形成的线条对比，也能丰富视线的层次。既能在花期远眺如云似雪的樱花美景，又能让游客深入遮天蔽日的林中，体会不同空间内带给人的视觉变换张力。

樱花品种选择以单品种为主，如山樱、吉野樱，间或点缀花期相近花色深浅参差的品种。如在大片白色吉野里，点缀几株颜色略粉的江户彼岸或大山樱，会形成跳跃的焦点。若以绝对当仁不让的晚花品种关山为主打，则宜在大片的深粉色中点缀几株浅色的普贤象、一叶或者松月，同样会使花海泛起几道涟漪。注意林内密度不宜过大，也不宜过厚，林缘树才能生长得最好。

搭配则选用低矮喜阴的自然地被植物，如蛇莓、连钱草、矾根等。还有一部分乡土植物具有很好的自播繁衍能力，易于形成自然的地被，富有野趣，深受市民的喜爱，如紫花地丁、二月兰等。北方庭院的林缘多做处理，能保护地被和樱林根系，如合理设置游步栈道，重点部位增加绿篱等。

✿ 4. 台地景观

　　山体坡度较大，打造台地景观能兼顾樱花养护和纵横上下的赏樱路线。依地形灵活地设置铺装和护墙，台阶和栈道相结合，在林地内增加硬质设施，使地形更为错落规整，这样能有效增加赏花区域，人的视角更加多元化，更有效地展示品种的多样。目前这种形式并不多见。

在樱花品种选择上，北侧坡需要以抗性较强的山樱等为主；而背风向阳的南坡小环境，则可选抗性偏弱、但有特色的品种，比如郁金以及花期较早的迎春樱等品种，不必强调群体景观的一致性。

从山体的地形、土质和景观综合考虑，搭配植物宜简洁，以需水量小、覆盖性强的宿根和地被为主。

❀ 5. 孤植景观

　　孤植景观的视觉中心为一株具有一定树龄和体量、树型匀称、姿态端庄、具有独特观赏效果、能与所处环境相得益彰的樱花大树。一般出现在园区主入口对景、重要节点、开阔的草坪和广场、古建筑旁或寺庙内。孤植树生命力的顽强以及独木成林的景观效果给人一种强烈的震撼和历史的厚重感。

　　孤植景观的品种本身具有较大体量，所以宜选择长寿的樱花，这样才有可能长成巨树，从现存的有一定意义或影响力的孤植树来看，大多为垂枝樱、染井吉野、山樱、大岛等播种苗，而且需要形成景观的年代较长。

　　孤植树主要欣赏其本身的美与带给观赏者的力量，周边需要简洁的环境和开阔的空间。更多是自然长成的老树，为了更好地保护和突出孤植景观，一般在其周围修建围栏和支架等设施，为其开辟出更大的空间。

❀ 6. 樱花在庭院内

园林中亭台楼阁很少孤立存在，合理的植物搭配不仅会衬托出园林的意境之美，更能带来生机与活力。作为早春的优秀开花乔木，樱花与构筑物之间或掩映、或依偎、或框景、或衬托，远近虚实地展现在同一个画框，不同的搭配形式会产生不同的景观效果，从以下几幅图片可以欣赏其中的韵味。

建筑亭廊与樱花，可以是颜色相互映衬，也可以是体量姿态相适宜，更可以是历史或传统的延续。因此樱花品种的选择，主要依从于建筑物、庭院的文化风格表达。

景观上，兼顾不同季节的效果，建筑后面或两侧可以适当考虑常绿树，前景可考虑造型植物组合，以简洁为宜，不能喧宾夺主。

（四）众里寻她千百度

／胡娜／

原产自环喜马拉雅山地区的樱花，经过千百万年的演化，野生的种群已经多达百余种。在人类孜孜不倦的努力下，世界范围内，樱花的栽培品种已多达五百有余。有"樱花王国"之称的日本，目前登录在册的樱花品种多达300余个。目前我国种植的品种樱花，多出自日本。这些看似林林总总的栽培品种，其实多由日本9个原生种樱花以及我国的樱桃和寒绯樱等，通过自然杂交或人工培育得到。

因为亲本不同，不同品种的樱花也各具脾气秉性，对于自然环境的适应性有着一定的差异。现在的基因技术，让我们可以更为准确地了解到各个品种所含有的原生种樱花亲本，从而为我们的引种繁育工作，提供更具针对性的指导。了解原生种樱花的发源与种类，对于我们更好地评估栽培品种的适应性，找到更适宜本地栽植的品种，有很大的帮助。

一些花期较早、花色艳丽的栽培品种，如椿寒樱、河津樱、大寒樱、大渔樱、修善寺寒樱等，抗寒能力往往较弱，这主要是受其亲本之一的寒绯樱的影响。寒绯樱是原产自我国福建地区的原生种樱花，在当地被称为"福建山樱"，《中国植物志》称为"钟花樱桃"。此种樱花花色为玫粉色，花期较早，在原产地2月上旬即可开放，但是抗寒能力较弱。如果我们被其艳丽的花色所吸引，钟情其早开的特性，想要引种此类的樱花，就需要更多关注其抗寒能力。如果种植地冬季较为寒冷，此类樱花就有可能出现越冬困难，影响其花期表现。

河津樱

但是这种地理区域的壁垒，也不是不能被打破。植物体的适应性，也是可以逐步改善的。这个过程，被称为"引种驯化"。植物的引种驯化，是指通过人工栽培、自然选择和人工选择，使野生植物、外来的植物能适应本地的自然环境和栽种条件，成为生产或观赏需要的本地植物。

杭州早樱的栽植，就是玉渊潭公园引种驯化的成功案例。杭州早樱是原产自我国浙江、安徽、江西一带的原生种樱花，归属于《中国植物志》的"迎春樱桃"。其在原产地往往在春节前后开放，故此得名。由于其原产地冬季气温相对较高，引种到北京地区后，冬季的低温成为其能否适应北京气候的关键因素。

杭州早樱在1993年自浙江引入玉渊潭公园，初期生长缓慢。为了保障类似南来种类顺利越冬，公园往往在栽植地对其进行了越冬保护。

种植在玉渊潭公园内的杭州早樱

　　尽管如此，景区内种植的野生苗木，在一定程度上还是表现出了不适应性，并相继衰弱，但是它同时表现出花期很早的优势，无可替代。因此为了对这些野生苗木进行驯化，技术人员挑选较为强壮的植株，与本土的山樱进行杂交，得到播种苗后进行优选，之后将优选苗种植于冬季气温更低的京郊地区。

　　这部分苗木，经过筛选淘汰，强壮的、花期景观效果好的个体被保留了下来，待其生长到一定的规格，再移栽回公园主景区内。这些经过驯化的苗木，表现出了很强的适应性，目前已经不再需要对其进行额外的越冬保护。从发现它优势到成苗的过程经历了约20余年。

而对于一些耐寒性不佳的栽培品种，除了必要的越冬保护之外，还可以通过将其嫁接到本地抗寒能力较好的砧木上，提高其根系的越冬能力。

　　南来的品种不太适应北方寒冷的冬季，同样，一些在北方地区表现很好的品种，如染井吉野等，当被种植到纬度过于偏南的地区如广州等地时，往往也表现出一定的不适应性。其突出的表现为着花量大幅下降，花期和景观效果均受到严重影响。造成这一结果的原因可能是，广东地区冬季偏高的气温，影响了其花芽的形成过程。

　　因此，樱花虽然品种繁多，但就适地适树而言，并不是一个优良的品种可以适应任何的气候条件。在这众多的品种樱花中，需要我们不断地筛选、引种和驯化，挑选能适应北京地区气候特点的品种。在不断的探寻、尝试、失败再尝试的过程中，目前玉渊潭公园已经栽植了34个品种，近3000株樱花。随着技术人员的不断努力，玉渊潭公园未来将会有更多的樱花品种和广大游客见面。

（五）预见花开

许晓波

　　赏樱是一年一次的际遇，对于有心人而言，春天到来的信息很多：不仅是湖冰的融化，遥看泛绿的草色，还有褪去的冬装，萌动的春心。对于平日行色匆匆的人，就好像"忽如一夜春风来"，桃、杏、李、樱花、海棠等春花，次第绽放，各领风骚七日间，不由得让人感叹好景不常在。李商隐一句"他日未开今日谢，嘉辰长短是参差"则道出了佳期难遇。

　　春天也是各地气候多变的时节，南方或许细雨霏霏，而北方则是寒风凛冽，樱花的绽放也会快慢不同，但花期过早容易遇到倒春寒。2017年2月华盛顿气温超高，樱花花蕾阶段遇雪。2018年4月4日，北京也遭遇一场雨雪，花瓣与雪花一起纷飞，让人不免心疼樱花。

华盛顿　2017 年 2 月　网图

北京顺义　2018 年 4 月　赵义瞬

❀ 1. 前赶后错的花期

　　春暖花开，气温的回升是关键。每个冬天的寒冷程度，和春天回暖速度都不尽相同，但生物对温度的感知是一样的，大雁北归，树木的发芽，都如同春水消融一样，准确反映了温度，我们称之为物候。在日本，"樱时"这个词虽然是节气的象征，但没像我国二十四节气那样，固化在日历上。

　　（1）花期统计　初花到盛花日，会有 2 ~ 10 天的变幅，而不同年份阶段的平均值也有差别：以北京大山樱为例，90 年代（10 年平均值），初花日约在 4 月 3 日（记为 4.3），而在 2000 ~ 2009 年这个阶段提早为 3 月 29 日，两个 10 年的平均值差 5 天。不同地区的统计就更是不同：以染井吉野为例，1997 年以来统计 20 年盛花首日平均值，北京玉渊潭为 4 月 3 日，近 5 年来花期都偏早（3.28），吉野最早出现在 2002 年（3.20），最晚为 2010 年（4.16）。华盛顿吉野的盛花初始日（平均值）3 月 31 日，东京（标志木30年均值）的平年满开日为4月3日。如武汉大学的吉野初花期（10年平均值）为3月13日，花期会有16天。

（2）花期提前　整个冬季（12 ~ 2月）平均温度比多年均值每高1℃，樱花（吉野）的花期会提前2 ~ 3日（日本）。2月平均气温每升高1℃，始花期提前1.66天（武汉）。因此一个地方20年以上的花期记载，才能有更准确的开花预报。这是受大气候的影响。

冬春季修剪下的枝条，拿到室内插在水瓶里，就能早早看花。露地搭设塑料棚或透光挡风的设施；同一座公园里，种植在一处背风向阳小环境，都能提前花期一两天，这是受小环境影响。

平原要比山区的花期提早不少，所谓"人间四月芳菲尽，山寺桃花始盛开"。同一座山上，海拔每增高100米，花期推迟3 ~ 5天，所以日本奈良县吉野山的上、中、下千本樱，花期差异超过一周。我国幅员辽阔，最有趣的是江浙一带，太湖边的无锡鼋头渚，樱花花期会晚于靠东的上海、靠南的杭州，偶尔比北京还晚（如2017年）。我国的樱花前线最早是云南冬樱花，继而为闽台一带的福建山樱，最晚的是辽宁的旅顺龙王塘。这是受地理和不同品种（详见3.樱花花期参照表）的共同影响。

❀ 2. 初花与盛花节奏

（1）花开节奏　主要指初花阶段的长短。初花阶段指第一朵花开，到3成到5成开放，属于序幕阶段。在日本及我国中部地区，约为一周以上（5～15天），北京则较短（3～7天）。不同品种以及地方的差别则更明显。越早品种含苞时间越长，因为温度低，保持时间更长，如日本的河津樱观花期将近一个月，如果到北京则一周。如杭州早樱，在原产地能慢慢开两周，而在北京玉渊潭，2成到7成开，只是上下午之间。南方早春二月乍暖还寒，梅花能当庭点缀零星开放，北方只能是繁枝千万。我国内陆地区北方春来虽晚，但少雨升温快，更有一夜春来，百花怒放的快节奏。总之，节奏是气温升高的快慢在决定的。

（2）报春而放　气象学上，将3月连续五日均温超过10℃的第一天，叫作入春日，这被视为当年的春季到来。一年之计在于春，古时樱花的绽放，标志着耕地播种。五日一候十日一旬，物候意味着不同物种有不同时候。在北京玉渊潭，杭州早樱（迎春樱）初花，正是入春那一候完成——即日均气温稳定超过10℃的五天之后，是整个公园的樱花节活动序幕之日，因此可谓名副其实"迎春樱"。

（3）花开两次　樱的花芽夏天6～8月孕育（分化），秋季温度适宜偶尔也会开。有些如'四季樱'、'十月樱'、'不断樱'、'奖章'等具有彼岸樱及豆樱基因的品种，自然特性上为两季花，10～12月能断续开放两个月，但只相当于2～5成开，会消减翌年春花总量。日本愛知县丰田小原地区的四季樱（有不同品种）以及群马县樱山公园的冬樱

（四季樱），就是比较有名的樱与红叶的同框景观。

　　另一种二次花现象需尽力避免，即遭遇较重病虫害，导致8～9月早落叶，迫使再次长叶开花。这个现象并非幸事，属回光返照，能透支树势，一定要特殊呵护才能恢复。比如玉渊潭的大山樱，1992～1995年因螨害连年二次花，在随后几年衰退或猝死现象增多。

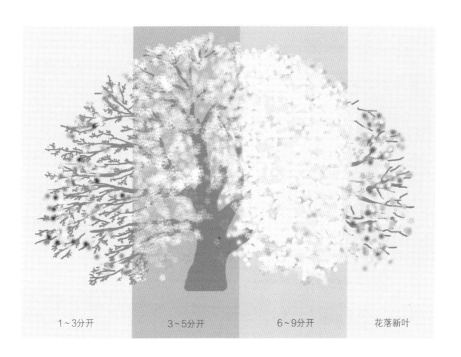

| 1~3分开 | 3~5分开 | 6~9分开 | 花落新叶 |

❀ 3. 樱花花期参照表

种与品种	11月	12月	1月	2月	2月	3月5	3月10	3月15	3月20	3月25	3月30	4月5	4月10	4月15	4月20	4月25	4月30	5月上旬
高盆樱									云南									
冬樱花		云南																
寒樱				江、浙、沪														
迎春樱									浙、鄂、江									
钟花樱				台闽				江、浙										
红粉佳人					福建永福													
河津樱					静冈河津													
椿寒樱							江、浙											
阳光																		
尾叶樱						江苏												
华中樱							湖南											
中国樱桃			（分布广）			浙南							山东					
青肤樱																		
江户彼岸													岐阜					
小彼岸																		
越之彼岸												富山						
小松乙女																		
染井吉野							江、浙、湘、鄂									青岛	旅顺	
美丽坚																		
垂枝樱																		
红枝垂																		
八重红枝垂																		
思川																		
八重红彼岸																		
大山樱																		北海道南
山樱花																		
仙台枝垂														仙台				
大岛樱																		
八重红大岛																		
胡蝶																		
白妙																		
苔清水																		
太白																		
骏河台香																		
千里香																		
大提灯																		
松前早咲																		北海道南
松前红绯衣																		
红丰																		
一叶																		
郁金																		
关山																		
松月																		
普贤象																		
天之川																		
海猫																		

原产地花期　　北京花期

不同品种开花温度

日本多摩森林科学园一份花期温度记录显示（同一地区日均温度），椿寒樱5.6℃；河津樱7.0℃；中国樱桃7.3℃；大寒樱7.4℃；江户彼岸7.6℃；越之彼岸8.1℃；红枝垂9.0℃；山樱10.1℃（与吉野接近）；美丽坚10.5℃；大山樱11.1℃——说明不同品种，开花温度明显不同，不太寒冷区域花期可以拉开。

早樱在南北方是指不同种类

福建地区早樱＝单瓣钟花樱

江浙地区早樱＝早于吉野的品种：如寒樱、钟花樱、椿寒樱、迎春樱、河津樱、大渔樱等

北方地区早樱＝吉野花期前后的品种＝长江流域统称的"中樱"：如垂枝樱、美丽坚、江户彼岸，也包括部分中部称为早樱的品种如迎春樱椿寒樱。

越往北，（能种植的）各品种花期越接近。

我将北京地区主要品种樱花，以及少量（不能栽植的）南方代表种的花期列入上表，请参照节奏和差距，在种植安排时，将花期接近的品种集中成点或线。

❀ 4. 花期预报

早在20世纪90年代初，玉渊潭公园樱花节隆重开幕，不料主角樱花却没开。闹过笑话之后，要么从温室搬出各式样盆栽品种樱花；要么万事俱备坐等春风。后来开始有了春季物候的观测，2004年综合几种方法，会商后发布花期预测，虽不是很早，但误差并不大。后转为气象部门进行发布。

物候法　山桃花开后两周大山樱就会开花，虽然间隔长短时有变动，但毕竟规律接近。这是物候法的初级版本。后来首师大张明庆等老师，根据当年早春多种开花植物如榆树、杨树、桃花等物候的时序进展，总结出大山樱及杭州早樱等品种花期的推算公式，并随着年份累积不断修正。积累年份越久，越接近准确，这些预测作为临期预报较可靠。

同花期　找到当地与樱花初开期接近的开花植物。比如北京城区常见的单瓣榆叶梅、白玉兰等，就可以作为赏花的信号。

积温法　北京地区气象台近些年开始对公众进行花期预报，预测公式主要是依据以往的开花记录和气温的关系做出。武汉大学肖翎华老师记录了几十年吉野期，能有较长的时序参照研究，因此武汉气象部门能较早开始进行花期预测。各地樱花节活动策划者每年都特别关注这个初花日预报。但是这和气象台的长期天气预报一样，变量很多，还会有不小误差，因此即使是专业的花期预报，也需要在后期进行修正。

樱花花期预报　2005年第2号

品种樱花名称	2005年初花日	2005年推荐观花期	2004年初花日
青肤樱	4月5日±2日	4月6日—13日	3月24日
杭州早樱	4月5日±2日	4月6日—13日	3月24日
山樱	4月8日±2日	4月8日—17日	3月29日
大山樱	4月8日±2日	4月8日—17日	3月30日
染井吉野	4月8日±2日	4月8日—17日	3月29日
晚樱（关山）	4月15日±2日	4月15日—25日	4月8日

说　明

以樱花群体达到10%花蕾开放（下午）为初开标准。
由于今年度初期气温低于往年，所以早春物候多有推迟，樱花花期也相应推迟。

玉渊潭公园物候观测小组
2005年3月22日

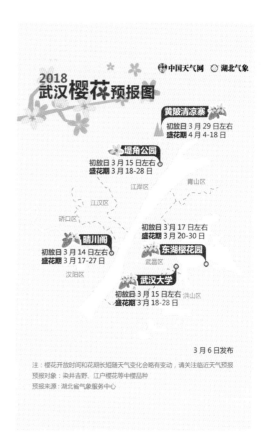

2018 武汉樱花预报图　中国天气网　湖北气象

黄陂清凉寨
初放日 3月29日左右
盛花期 4月4-18日

堤角公园
初放日 3月15日左右
盛花期 3月18-28日

青山区

江岸区　江汉区　硚口区

初放日 3月17日左右
盛花期 3月20-30日

东湖樱花园

晴川阁
初放日 3月14日左右
盛花期 3月17-27日

武昌区

汉阳区

武汉大学
初放日 3月15日左右
盛花期 3月18-28日

洪山区

3月6日发布

注：樱花开放时间和花期长短随天气变化会略有变动，请关注临近天气预报
预报对象：染井吉野、江户樱花等中樱品种
预报来源：湖北省气象服务中心

日本樱前线　东京气象台1925年开始发布花期预报。根据越冬累积气温，也有生物季节的综合观测，从3月初预报。后来是日本气象厅发布，直到2009年，改由日本气象协会等三家机构预测发布。随着科技进步，发布樱花预报的时间越来越早了。随着积累数据和研究的增多，预报的准确性也有所提高，近年更是早到1月，预报就出炉。有些还每过5～10日就更新，误差更小。不过，三家预报不尽相同，可综合参考借鉴。

　　标志木　花期预报观测需要固定单株，日本大部分地区观测的品种是染井吉野。在北海道有些地方是大山樱。

　　在冬天2～12℃之间累计800小时以上，吉野即可从休眠醒来。日本累积温度的另一种计算方法：从2月1日开始，累积每日平均气温，总数达到400℃，就有5～6成花盛开。或累计每日最高气温，总数达到540℃始花，累计达到600℃满开。或者，白天气温大于15℃的天数累计，达到23日或24日后即为开花日。但影响气温的因素很多，所以每轮预测还是与真实结果可能有几天误差。

　　有这么多方法，这么多信息，想要遇到樱花盛开的日子，还难吗？

（六）樱花常见病虫害

刘玉英

俗话说：樱桃好吃树难栽。要培养美丽的樱花，养护要下功夫，特别是病虫害要早发现早防治。

北京地区最常见的樱花病虫害有哪些？经过几十年的栽培观察，发现樱花树上常见病虫害主要有20多种，其中虫害14种，病害10余种。最典型的有穿孔病、根瘤病、蚜虫、红蜘蛛、蚧壳虫等，只有细心观察及早防治，才能让樱花健康成长。

❀ 1. 叶片

（1）樱花穿孔病　樱花重要病害，发生普遍，在公园里能观察到多种穿孔症状。最常见的是初期的紫褐色病斑，后期病斑干枯脱落形成叶面的穿孔或残叶。有的叶片上规则分布小圆孔；也有叶缘灰褐色病斑；有些斑的边缘呈现浅黄色晕圈；各种病斑最后成孔。不同病原真菌，为害形状不同，这充分说明除了传统意义上的细菌性穿孔，可同时合并感染真菌等多种微生物。有些如山樱吉野类的品种更易感病，将它们作为"消息树"，从4～5月叶幕初起就开始防治，不同杀菌剂交替使用效果更好。

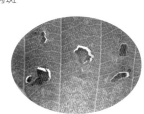

樱花穿孔病

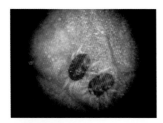

山楂红蜘蛛

桃瘤蚜

美国白蛾

（2）红蜘蛛 在叶背面主脉两侧吐丝结网群集，并在网下栖息、产卵和为害。开始时绿色叶肉变浅出现黄白至灰色小斑点，集中在靠近叶柄区域，进而斑点连成片干枯脱落，严重时夏天大部分叶子早落，极易成灾并造成树势衰退。常见种类有山楂红蜘蛛、朱砂叶螨、二点叶螨等。需初夏始就进行喷药控制。

（3）桃瘤蚜 嫩叶首先受害，成虫、若虫群集在叶背，叶片向背后纵向卷曲，肥厚似虫瘿，凹凸不平，初淡，绿后红色，严重时大部分叶片卷成细绳状，最后干枯脱落，严重影响樱花的生长发育。春夏及早发现并控制是关键。

（4）美国白蛾 一年有三代，为害高峰期以幼虫期网幕为主，是普查和防治美国白蛾的最佳时期，采取人工剪除网幕与打药控制相结合的方法进行防控。成虫期则利用黑光灯和诱捕器监测和诱杀成虫。

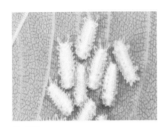

黄刺蛾

日灼病

（5）刺蛾类　有黄刺蛾、绿刺蛾、扁刺蛾等，由低龄幼虫集群取食下表皮和叶肉，仅留下上表皮，导致叶片呈不规则筛网状，3龄后分散蚕食叶片，往往仅留下叶柄。刺蛾一年一代，以老熟幼虫在枝条上、土缝中结茧越冬。成虫白天潜伏，夜间活动，有趋光性，可利用黑光灯诱杀。

另外还有一些局部叶面发生的，如黄褐天幕毛虫、桃小食心虫、角斑古毒蛾等，都要根据特性而及时检查控制。

🌸 2.枝干

（1）樱花日灼病　属于生理性病害，衰弱的树木更容易出现。一般多发生在樱花树枝干的向阳面（面向西南），受日照较强影响，造成树木韧皮部死亡，长"蘑菇"，后期暴露出木质部。另外夏季高温过晒也会灼伤叶片，表现为叶缘焦枯。

樱花流胶病

樱花树上的蕈体

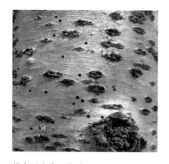

桃多毛小蠹羽化孔

（2）樱花流胶病　樱花枝干上从伤口、皮隙及分杈处流出、淡黄褐色的半透明黏稠树胶。病因较复杂，由真菌、细菌或环境等原因引起的生理病害表现，如霜害、冻害、病虫害、雹害、水分过多或不足、施肥不当、修剪过重、结果过多、土质黏重或土壤酸碱性不适等原因导致。因而弱树老树等流胶现象较多。

（3）蕈体　在腐朽树干上长出来的像蘑菇一样的东西，统称蕈体，它们不少属弱寄生性的病菌子实体。枝干上长了"蘑菇"，则表明枝干已经死亡，需要修剪或伐除。

也有部分侵害病菌如膏药病、奈良蘑菇病等在温暖潮湿区域多见。

（4）桃多毛小蠹（蛀干类）　幼虫在枝干韧皮部与木质部间的皮层内蛀食，成虫羽化时出枝干形成大量圆形虫孔。被害樱花皮层肿胀，破开可见皮层及木质部变为褐色。遇潮湿天气，还会流胶。桃多毛小蠹为弱寄生害虫，树干上虫孔多，表明樱花衰弱严重。可用针对性强的寄生性天敌——蒲螨进行控制。

另外常见的还有蚧壳虫等也需尽早控制。

樱花树干的涂白保护

树干涂白是较好的保护树干常规方法。用石灰水加盐或石硫合剂对树干涂白，一般在秋季进行。利用白色反射阳光，减少树干对太阳辐射热的吸收，从而降低树干的昼夜温差，防止树皮受冻，预防日灼病、流胶病等生理病害。另外强碱性也能减少一些越冬成虫总量，起到预防病虫的综合效果。

🌸 3. 根部

（1）樱花根瘤病　是一种重要的土传病害，病原为土壤杆菌
（Agrobacterium），能为害200多种植物。好发生于樱树根茎部，表现
为大小不等、形状不同的瘤状物。深褐色，表面粗糙，质地变硬，木质
化，并出现龟裂。病株生长发育不良，矮化，枝短叶小，提早落叶，花
朵小。因此死亡苗木区域重新种植，必须进行土壤消毒等处理。

（2）蛴螬　金龟子类幼虫的统称。公园常见种类有铜绿金龟子、
小黄腮金龟子、华北大黑鳃金龟子等。蛴螬主要是生长季节啃吃根部，
常见于土壤腐殖质丰富的区域。

另外，根部还有白纹羽病等病害，多见于土壤黏重区域。

樱花根瘤病

蛴螬

三、玉渊潭樱花简史

樱花之于玉渊潭，是大自然的礼物，更是中日友好的象征。

1972年中日建交，时任首相田中角荣赠送中国1000株樱苗，其中900株大山樱，经过一冬假植（临时保护栽植），第二年春天在北京的天坛、日坛、月坛、南植、北植、紫竹院、玉渊潭等八个公园种植，玉渊潭数量为180株。

花开花落几十年，往来樱缘不断。1992年为纪念建交20周年，日本前首相中曾根康弘，赠送10个品种100株樱苗给北京市政府（实际97株）栽植在玉渊潭公园试验圃。1996～1999年，友人濑在丸孝昭赠送了四批共百余品种的樱花幼苗。1999年夏，时任日本首相小渊惠三来玉渊潭公园植松。2002年中日建交30周年，日本前外相田中真纪子来访，特别来看她父亲赠送的那些大山樱；此后还有不少友好团体在公园里认领樱树和植树。

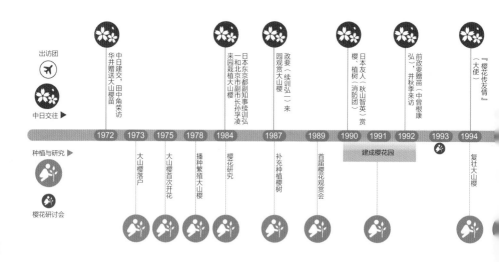

2009 年留春园自育的大山樱

植树（小渊惠三）
日首相

丸）植树
樱·横滨友好团（濑在
政要（田中真纪子）赏

赠品种樱苗
育樱会（李大宇）

育樱会回访

NPO（石井一好访问

专家会诊（石井一好）

植樱并研讨（石井）

1999 2000 2001 2002 2004 2005 2006 2007 2008 2009 2010 2011 2018

出圃大量自育樱苗

染井吉野大量种植

樱花认养

『樱花八景』推出

自繁樱苗大量补充

公园建成多个景区，
不断引种繁育，
樱花数量逐年增加

第三十届樱花文化节
成功举办。

057

2010 年 8 月在大山樱前交流

　　在2002年3月，应日本外务省邀请，北京市园林局访问团赴日访樱。2004 ～ 2009年玉渊潭公园屡派出访团赴日本学习樱花节相关活动，并举办多次樱花研讨会。众爱，让樱花出落成美人。

樱花之成长，有众人的期待，更离不开几代园丁呵护

　　风雨几十载，玉渊潭西湖北岸的大山樱苗在几代园丁的呵护下成长，逐渐子孙满堂。20世纪80年代有刘树才老师傅，冬季缠纸条，夏季采果实，一袋烟一条狗，守护眼珠般，呵护并繁殖树苗；90年代有孙建军师傅，春季多浇水，秋季多施肥，一头白发一把剪子，与关心樱花的人，聊不完修剪与促根的思路。几代人的养护，使大山樱和后代成长并繁衍开来。45年过去，如今大山樱尚存残株，而初期两代守护者却已西去。还有抚育樱苗不辞奔波劳苦的老师傅刘国良，李家玖、刘玉英等植保工程师，正是这些专业爱樱人共同的辛勤努力，才有今日的樱花。

樱花专类园，开启樱花节活动

以大山樱为核心的樱花专类园，1990 ~ 1992年分期建成，依山傍水柳岸蜿蜒，陆续植有吉野、关山、垂樱等10余个品种3000余株。占地22公顷，成为当时华北最大的樱花专类园。成就此项目的是一批带头人，其中马玉等荣膺设计及引种栽培研究科技奖。

那是樱花景观新建阶段，园丁充分体会了栽培之不易，樱花数量逐年递减，那也是樱树和樱花节相伴成长阶段。得益于友人相赠，更得益于不懈的培育研究，杭州早樱与众多品种樱花引进，开启了缤纷灿烂之门。

十年树木，吉野强势成长，引领国内赏樱潮

2001年春，400株染井吉野落户玉渊潭。这是樱花景区骨干品种更新阶段，引种栽培技术日臻成熟，重要观赏期前移。到2010年，"樱花八景"成型，也增添了新的观赏景点。染井吉野和杭州早樱、八重红枝垂等品种成为新宠。吉野长势强劲花开如云的优势备受瞩目，逐渐影响了国内其他樱花园。

2010年后樱花节游客激增，樱花东园、玉渊春秋等新樱花景区相继落成，形成了全园种樱的格局，樱树总量从1800株增加到2400株，园内赏樱游线开始变化。大山樱及"八景"景区开始到更替阶段，加上根瘤病、奈良蘑菇等土传病害的影响，景区更新举步维艰。所幸在众多园丁的努力下，樱花复壮及保护等技术应用逐步加强，对西门及大草坪等景观维护成效显著。

　　年年岁岁花相似，各领风骚十数年。景区扩大了，数量却少了，因为樱树长成了大树。公园的领导、养护的园丁、园里的树木、栽培的技术都还在逐年更迭，玉渊樱花美名远扬。她们不仅是中日友好的象征，是辛勤呵护的回报，热忱的凝聚，更是樱花节百万游客的赞赏与向往。

四、樱属分类

英国植物学家W.J. Bean曾说：英伦诸岛上生长的乔灌木，难有与李属（Prunus）相匹敌者，让英伦花园的春天如此美丽。这个属还包括杏、桃和李，但最耀眼的是樱；它们都是蔷薇科Rose family（Rosaceae）的成员。

李属内众多种的关系错综复杂，随着人们的认识和发现，李属内樱花的分类命名也总在变化。

✿ 1. 李属

蔷薇科的李属（Prunus）也称广义李属，包括约430个种（wiki），而实际在国际登录系统（如ITIS）中，只有约200来种。其中很多种内，有非常丰富的园艺栽培品种。如今植物学命名规则已然趋于简化，桃李杏梅是一家。虽然在我们的语言体系里仍然各有其名，但这类植物都有着共同的特征：是单种子核果；叶互生；落叶或常绿；花白或粉（少黄）色；花瓣5；花萼5裂；雄蕊多数。

众多学者仍支持将李属细分为多个亚属：有支持10个的；也有较多支持6个亚属：桃亚属（Amygdalus）、李亚属（Prunus）、樱亚属（Cerasus）、矮樱桃亚属（Lithocerasus）、稠李亚属（Padus）、桂樱亚属（Laurocerasus），见下图所示。而有些比如《中国植物志》则是单分出杏亚属（Ameniaca），将矮樱桃和樱桃合并，相关亚属的分合学派较多。

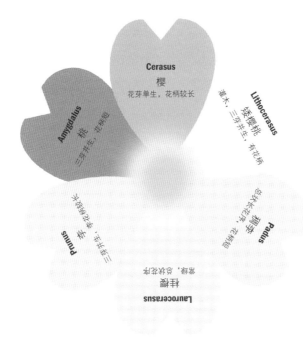

李属多为 5 瓣花，此为示意 6 个亚属

　　李属植物多分布在北半球，欧洲有桂樱、欧洲酸樱桃、甜樱桃、马哈利樱桃等等原生种，北美有冬青叶樱（Hollyleaf cherry）、美国稠李（Chokecherry）、美国李、沙樱桃等特有种，欧亚地区有桂樱稠李和扁桃，而樱花类在中国日本分布居多。

　　野生种（wild species）在自然状态下，表现为可自行繁殖演替的群落，种群里个体不尽相同，变异不少。种（species）间本来是有生殖隔离的，但李属内的种关系复杂，种间杂交多。例如观赏界的'美人梅'（也叫樱李梅）＝紫叶李 × 梅，'白花山碧桃'＝桃 × 山桃。

❀ 2.中国的樱属

我国樱属最早分类始于陈嵘先生的《中国树木志》（1937年），列为樱亚属，《中国植物志》38卷（1986）以及《Flora of China》（2003），将欧洲酸樱桃和矮生樱桃等40余种并称为樱属（Cerasus），典型樱属（不包括矮樱桃）下分伞形组、黑果组、裂瓣组等9个。我将它们列表，并大致分为观赏应用较多种、少见的野生种和樱桃类三部分。

（1）观赏应用较多种

钟花樱（寒绯樱）自然分布在我国东南大部省区及东南亚，目前有了较多独特栽培品种，如'牡丹樱'、'红粉佳人'等，是台湾武陵农场、福建的永福茶园等赏樱胜地的主角，并逐步在我国中南部蔓延开来。单瓣的钟花樱花期较早，是广东、福建等省立春前后的亮点。云南特有的高盆樱（冬樱花），既有三八妇女节前后开花的重瓣栽培品种——云南樱花（也称海棠），也有独特的12月开花的单瓣的冬樱花（喜马拉雅樱），后者不仅云南各地有栽培，东南亚有分布，日本东京美国等地也有栽培。上述两种属于热带高海拔等特殊的地理分布，华中及华北地区也有个别引种，其杂交品种能在中原大地扎根。我国特有种如迎春樱桃、尾叶樱桃和华中樱桃，花期早（于吉野），花量大，果实红色，已在我国武汉、上海、长沙、郑州等多个景区有人工栽植，也有景区如湖北咸宁的葛仙山等（野生）自然景观。适宜区域以我国中东部以南为主，目前尚少成熟的栽培品种。大叶早樱（江户彼岸）目前在我国江浙鄂皖等省有不少野生种群被发现，说明我国早有自然分布，并非（中国植物志38卷所述）外来种。不过景区栽培应用的近缘品种大多来源于日本。山樱分布极为广泛，其中有毛、无毛两个基本种，在实际应用中并不容易界定，目前很多日本晚樱品种都被归于此群，适栽区域更广。东京樱花（染井吉野）作为单独的种出现，说明这个"外来户"在我国已栽培多年。它和山樱类的适应范围相对较广，目前在贵州、武汉以及无锡、郑州、大连等地的新老樱花景区，都把它当作景区的骨干品种种植。后面三种多花色丰富，果实黑色。

《中国植物志》典型樱属列表（一）

序号	38卷排号	名称	学 名	又名及近似种	原产可分布区域
1	31	大叶早樱	*Cerasus subhirtella*	野生早樱、雾社樱、江户彼岸	台湾、浙江、福建、江苏、湖北等省
	32	东京樱花	*Cerasus yedoensis*	染井吉野	我国中东部各省
2	33	山樱花	*Cerasus serrulata*	山樱、毛叶山樱花	黑龙江、河北、山东、江苏、浙江、安徽、江西、湖南、贵州海拔 500～1500 米山区
		日本晚樱			
3	34	华中樱桃	*Cerasus conradinae*	康拉樱、单齿樱花	湖南、湖北、浙江、河南、陕西、四川、云南海拔 500~2100 米区域
4	35	钟花樱	*Cerasus campanulata*	福建山樱、寒绯樱、福尔摩萨	我国福建、台湾、浙江、两广海拔 200～1200 米山区，日本、越南等
5	36	高盆樱	*Cerasus cerasoides*	云南樱花、喜马拉雅樱	云南西南、西藏南部。尼泊尔、不丹、缅北、越南等
		冬樱花		冬樱、喜马拉雅绯樱等	云南、西藏南部海拔 1300～2200 米区域
		红花高盆樱		海棠、云南樱花	云南昆明、大理等海拔 1500 米区域
6	17	浙闽樱	*Cerasus chneideriana*	（类尾叶樱）	福建、浙江、广西
7	8	迎春樱桃	*Cerasus discoidea*	杭州早樱	浙江、安徽、江苏海拔 200～2100 米区域
8	15	尾叶樱桃	*Cerasus dielsiana*		湖南、湖北、两广、四川、安徽、江西海拔 500～1300 米区域
9	5	黑樱桃	*Cerasus maximowiczii*	深山樱（接近长腺樱桃）	我国东北/西南，俄远东、朝鲜、日本

（2）少见的野生种

　　中间20个种是我国原产樱桃，它们是种类丰富多样性的代表，多分布在中国西南各省，相互之间可能有不少亲缘关系。如云南樱桃和蒙自樱桃、西南樱桃的区别有多大？伞形组和重齿组的樱桃是否都是灌木或小乔木、红色果实？黑樱桃是不是不止分布在东北部区域？目前具体研究应用与归纳尚无定论。它们绝大多数属于野生状态，其特性特征等变异多，不为人熟悉。有些作为当地樱桃砧木多年，有些在个别的植物园或专类园出现，有些则是墙内开花墙外香，如北美波士顿阿诺德树木园，早就种有细齿樱桃、襄阳山樱桃；日本也有细齿樱桃、云南樱桃等引种记录。

用于云南樱花的砧木

温哥华范度森植物园的细齿樱桃

《中国植物志》典型樱属列表（二）

序号	38卷排号	名称	学名	又名及近似种	原产可分布区域
10	2	长腺樱桃	*Cerasus dolichadenia*	与多毛樱桃相似	陕西、山西海拔 1400～2300 米区域
11	3	四川樱桃	*Cerasus szechuanica*	四川樱（与锥腺樱桃接近）	陕西、河南、湖北、四川 1500～2600 米区域
		盘腺樱桃	*Cerasus discadenia*		甘肃、河南、湖北、宁夏、陕西、四川、云南海拔 2100～3600 米区域
12	1	散毛樱桃	*Cerasus patentipila*	与四川樱桃近缘	云南西北部海拔 2600～3000 米区域
13	4	锥腺樱桃	*Cerasus conadenia*		陕西、甘肃、四川、西藏海拔 2100～3600 米区域
14	6	雕核樱桃	*Cerasus pleiocerasus*		四川西部、云南北部
15	7	康定樱桃	*Cerasus tatsienensis*	与微毛樱桃接近	河南、湖北、陕西、山西、四川、云南
16	9	微毛樱桃	*Cerasus clarofolia*	西南樱桃、与多毛樱桃近缘	河北、山西、陕西、甘肃、湖北、四川、贵州、云南
17	20	西南樱桃	*Cerasus duxlouxii*	近细花樱桃（FOC 归入云南樱）	云南、四川海拔 2300 米区域
18	21	云南樱桃	*Cerasus yunnanensis*	类西南樱桃	云南、四川、广西海拔 2300～2600 米区域
19	22	蒙自樱桃	*Cerasus henryi*	类云南樱桃	云南海拔 1800 米区域
20	30	偃樱桃	*Cerasus mugus*		云南西北部海拔 3200～3700 米区域
21	10	多毛樱桃	*Cerasus polytricha*	与微毛樱桃近缘	陕西、甘肃、四川、湖北
22	25	刺毛樱桃	*Cerasus setulosa*	刺毛山樱花	甘肃、四川、青海
23	27	托叶樱桃	*Cerasus stipulacea*		甘肃、青海、陕西、四川
24	28	川西樱桃	*Cerasus trichostoma*		甘肃、河北、青海、四川，西藏、云南
25	29	山楂叶樱桃	*Cerasus crataegifolia*		西藏东南部、云南西北部
		毛瓣藏樱	*Cerasus trichantha*		西藏、尼泊尔、锡金
26	38	红毛樱桃	*Cerasus rufa var.rufa*		西藏南部、锡金、尼泊尔、不丹、缅甸海拔 2500～4000 米区域
27	37	细齿樱桃	*Cerasus serrula*	云南樱花\西藏樱桃、桦皮樱	贵州、青海、四川、西藏、云南
		西藏樱花	*Cerasus yaoana*		西藏
28	26	尖尾樱桃	*Cerasus caudata*		四川、西藏、云南
29	14	襄阳山樱桃	*Cerasus cyclamina var. cyclamina*	短梗、襄阳山樱	重庆、广东、广西、湖北、湖南、四川海拔 1000～1300 米区域
		双花襄阳山樱桃	*Cerasus cyclamina var. biflora*		

（3）樱桃类

作为水果类栽培经久。果大多红色或黄色可食，栽培历史悠久，品种丰富。中国樱桃类花期果期都较早，自古有不少诗咏之，果实多较小不耐储存。我国中南部栽培较多，抗寒性并不是很强，但其中不乏观赏性不错的。欧洲酸樱桃是整个樱属的模式种（实际它为4倍体的自然杂交种＝草原樱桃×欧洲甜樱桃），它和欧洲甜樱桃类都源自欧亚区域，果实略大，种植区域以我国华北、山东、辽宁等地为主，耐热抗病性并不很强，因此两大类樱桃各有其分布优势。欧洲甜樱桃也有重瓣的观赏类变种，其中光叶樱桃细花樱桃等是否有人工栽培尚无调查，因其特征接近中国樱桃类，暂归此类。

《中国植物志》典型樱属列表（三）

序号	38卷排号	名称	学名	又名及近似种	原产可分布区域
30	18	樱桃	*Cerasus pseudocerasus*	中国樱桃、莺桃、樱珠等	安徽、重庆、福建、贵州、河北、河南、湖北、湖南、江苏、江西、辽宁、陕西、山西、山东、四川、云南、浙江
		青肤樱	*Cerasus multiplex*	青肌樱、真樱	山东、河南、河北、江浙等中部各省
31	19	岩樱桃	*Cerasus scopulorum*	崖樱桃（归为樱桃）	陕西、甘肃、湖北、四川、贵州海拔700～1200米区域
32	16	光叶樱桃	*Cerasus glabra*	类崖樱桃	湖北、四川海拔600～1300米区域
33	23	细花樱桃	*Cerasus pusilliflora*	细花樱（类樱桃）	广东、广西、湖北、云南、四川海拔1400～2000米区域
34	24	圆叶樱桃	*Cerasus mahaleb*	马哈利樱桃	河北、辽宁、亚洲西南部、欧洲
35	12	欧洲酸樱桃	*Cerasus vulgaris*		原产欧亚区域。辽宁、山东、河北、江苏等省有栽培
36	13	欧洲甜樱桃	*Cerasus avium*		原产欧亚区域，现欧亚北美较多。我国东北、华北、山东等地栽培
37	11	草原樱桃	*Cerasus fruticosa*		新疆、欧洲南部、西伯利亚、小亚细亚、哈萨克斯坦

总之，以上三个部分中都含有我国特有种类，目前仅少量在不同方向上有应用。

　　樱（亚）属内野生种既有原生种，也有大量种间杂交不易归纳，总之就是种类丰富，亲缘关系复杂。网传野生樱花百余种，目前尚未查实获得国际认可的学名以印证。

　　樱花栽培品种大多亲本来源明晰，然而特征往往让分类的界限模糊。所以不同栽培品种划分到哪个栽培群，也是随着人们认识的不断深入而不断调整。如著名的'染井吉野'，较早已获得种的认可，在西方及我国的学名最初是以种（*Prunus yedoensis*）出现，但是随着认识的深入，染井吉野=江户彼岸×大岛，也就是杂交种（*Prunus* × *yedoensis*），而实际我们栽培的品种，应为（*Prunus* × *yedoensis* 'Someiyoshino'）或（*Cerasus* × *yedoensis* 'Someiyoshino'）这样一个过程，目前被归入江户彼岸群。严格意义上说，尽管它自我繁衍的能力极弱，已不应作为独立的'种'，但在西方和我国的古老分类系统里，仍尊重最早视它为种的地位。

　　杂交品种'椿寒樱'=福建山樱×中国樱桃，品种学名记为*Cerasus* 'Introrsa'，干脆略去中间的种名，因为不太好归类。

福建山樱　　椿寒樱　　中国樱桃

椿寒樱及其父母本

❀ 1. 日本的原生种与栽培群

日本樱花几百个栽培品种，目前归为以下原生种（也称基准种）：豆樱（也叫富士樱）、高岭樱、丁字樱、霞樱、大山樱、丁字樱、大岛樱、江户彼岸、深山樱、山樱、寒绯樱、樱桃等十余个。在化繁为简的归纳之下，高岭樱归到豆樱群，山樱、大岛、霞樱，包括大山樱都归至山樱栽培群，寒绯樱（钟花樱）和喜马拉雅樱（高盆樱）归为寒绯樱群。目前简化为7个栽培群，见下表。

日本樱花分类示意表

基本种	学名	栽培群	又名	野生种
富士樱（マメザクラ）	*Cerasus incisa*	豆樱群	豆樱	千岛樱、高岭樱、石鎚樱、四国豆樱、富士樱
高岭樱（タカネザクラ）	*Cerasus nipponica*		峰樱	
丁子樱（チョウジザクラ）	*Cerasus apetala*	丁字樱群	丁香樱	深山丁子樱、奥丁子樱、丁子樱、白樱
深山樱（ミヤマザクラ）	*Cerasus maximowiczii*	深山樱群	黑樱桃	深山樱、白樱
中国樱桃（シナミザクラ）	*Cerasus pseudocerasus*	樱桃群	樱桃	中国有7种
寒绯樱（カンヒザクラ）	*Cerasus campanulata*	寒绯樱群	钟花樱、福建山樱	寒绯樱、萨摩绯樱、元日樱、喜马拉雅樱、喜马拉雅绯樱
江户彼岸（エドヒガン）	*Cerasus spachiana*；*Cerasus itosakura*；*Prunus pendula f.ascendens*	江户彼岸群	大叶早樱	小彼岸、越の彼岸、雾社樱
				江户彼岸、东彼岸、婆彼岸、立彼岸
红山樱（ベニヤマザクラ）	*Cerasus sargentii*	山樱群	虾夷山樱、大山樱	雾立山樱
霞樱（カスミザクラ）	*Cerasus leveilleana*		朝鲜山樱花	片丘樱、吉备樱、朝雾樱
山樱（ヤマザクラ）	*Cerasus jamasakura* *Cerasus serrulata*		山樱、白山樱	稚木の樱、筑紫樱、筑紫山樱
大岛樱（オオシマザクラ）	*Cerasus speciosa*		里樱系	薄重大岛樱、潮风樱、汐风樱

从下表可看出，樱花的原生种11个，不少和中国有重叠。其中黑樱桃、中国樱桃、寒绯樱、江户彼岸（大叶早樱）、山樱都是在中国广泛分布的种类，特别是樱桃和寒绯樱都源自中国。栽培品种数量较多集中于山樱（大岛）群，其次是江户彼岸群，再其次是寒绯樱群。

代表栽培品种	品种数
冬樱、海猫、鸳鸯樱、富士菊樱、茜八重、含满樱	30+
奥丁子樱、雏菊樱、四季咲、丁字樱	3+
薄红深山樱、松前福樱、福樱	3+
暖地樱桃、十六夜樱、子福樱、大阪冬樱、泰山府君、箒樱	13+
寒樱、大寒樱、河津樱、椿寒樱、红鹤樱、阳光、横浜绯樱、琉球绯樱、修善寺寒樱、大寒樱、大渔樱、オカメ、东海樱、八重寒绯樱、Kursar	50+
四季樱、十月樱、思川、福花早樱、八重红彼岸、雨晴枝垂、奖章、越之彼岸	
天成吉野、御帝吉野、アメリカ（美丽坚）、神代曙、阳春、衣通姬、咲耶姬、染井吉野	62+
枝垂樱、八重红枝垂、红枝垂、江户彼岸、小松乙女	
八重大山樱、奥州里樱、冈本樱、樱守樱、rancho	20+
奈良八重樱、红玉锦、笹部樱、瞽樱。里樱组（太田，盐釜）	7+
木の花樱、兼六園熊谷、仙台屋、红南殿、衣笠、琴平、佐野樱、内裏の樱。里樱组（岚山、市原虎之尾、红华、关山、兼六園菊樱、千原樱、长州绯樱、妹背、手弱女、大沢樱、仙台枝垂）	53+
（里樱组大岛系）八重红大岛、普贤象、天の川、一叶、郁金、永源寺、苔清水、胡蝶、松月、抚子樱、北鹏、早晚山、御车返し、松前染染；大提灯（マザクラ系）、白妙、千里香、太白、有明、雨宿、鷲の尾、兰兰；（江户系）花笠、关锦、红笠、杨贵妃；（高砂系）红丰、松前红绯衣、松前早咲、武者樱	180+

073

❀ 2. 江户彼岸群

　　江户彼岸（*Cerasus spachiana* Lavallee ex H.Otto）是日本樱花代表种，日本著名三大古樱的"山高神代"樱（江户彼岸）、"根尾谷淡墨樱"（江户彼岸）、"三春龙樱"（红枝垂）都是本种，说明其在日本栽培历史已超过千年。除了日本，其实朝鲜和我国都有分布。威尔逊（E.H.Wilson）1900年就在湖北省西部海拔1000米山地发现群落，命名为长阳樱桃（*P.changyangensis*），它和中国台湾雾社樱（*P.taiwanniana*）都是江户彼岸类野生变种。中国植物志命名为大叶早樱（*C.subhirtella* var.subhirtella）。从分布看，这类樱花适于在我国中南部栽植，北京虽可栽种，但其表现并不完美。

　　（1）江户彼岸（又名垂樱）（*Cerasus spachiana*）——元老级
　　江户彼岸树形高大，强壮而长寿，姿态舒展独特，其叶形细长，树皮灰白的颜色和花朵特征都和垂樱相似，仅仅是枝形的不同。垂樱与江户彼岸是著名的长寿樱花（播种繁殖），日本国内百年以上的文物级树木很多。其中还有'枝垂樱'、'红枝垂'等品种。实际播种江户彼岸，就能得到垂樱（如下图）。国内据说有不少高大乔木类似于本种，但尚无野生垂樱的报道，因此两者是否有基因上的相同尚待探讨。

江户彼岸及其播种苗

江户彼岸的花

（2）吉野类（*Cerasus ×yedoensis*）——霸主级　亲本以江户彼岸×大岛樱为主，以染井吉野（*Cerasus ×yedoensis* 'Someiyoshino'）（ソメイヨシノ）为代表。本类花朵特点继承了江户彼岸特性，树形高大挺拔，枝态或粗犷或舒展。虽然后来它的亲本来源、种类划分有很多日本学者研究论证，业内均认可它为江户彼岸群的栽培品种。染井吉野强势蔓延，种植量非常庞大，长势非常强劲，着花密集，花开如云的效果更为震撼，也难怪它成为樱花的代表。还有'笑耶姬'、'衣通姬'、'美丽坚'、'御帝吉野'、'红八重染井吉野'等品种都归此类，有些就是从吉野的实生苗种优选出的变异品种，比如美丽坚（akebono），以及神代曙等都是比吉野颜色更娇艳，花朵、树形姿态更柔美的代表。

（3）早樱类（*Cerasus × subhirtella*）——小清新级　以小彼岸（*Prunus × subhirtella* 'Kohigan'）（コヒガン）为代表的杂交品种。小彼岸＝豆樱×江户彼岸（マメザクラ×エドヒガン），树形小树枝细，叶子也偏小，树皮树枝颜色偏深等诸多特征和'大叶早樱'不同。1895年小彼岸（*Prunus subhirtella* Miq.）作为一个野生种引入大英帝国的丘园，实际它具有的小乔木小叶等特征都与江户彼岸明显不同，但那时威尔森认为江户彼岸 *Prunus subhirtella* var. ascendens (Mak.) Wils. 是栽培品种，即江户彼岸为早樱的变异，造成反客为主的印象。至今小彼岸仍被一些学者视为单独的野生种。小彼岸还有2倍体、3倍体的植株，变异较多，也与同亲本的野生杂交种如'薮樱'（ヤブザクラ）、'星樱'（ホシザクラ）不易区分。

大概是受豆樱的基因影响，这类品种体型都不算太大，花朵也都偏娟秀。另外像'奖章'（Accolade）、'十月樱'（秋樱）、'四季樱'等品种有春秋两季开花的特性。这种特殊花期，与中国冬樱花不同，由于总花量分两季开，花密度效果会有折扣。早樱中的'奖章'、'小彼岸'的花期比吉野略早，'思川'、'八重红彼岸'、'福花早樱'、'雨情枝垂'的花期比吉野要晚。不过'越之彼岸'（*Cerasus × subhirtella* 'Koshinensis'）这样树形较高大直立的野生种，花期、颜色和'小彼岸'接近，但并不清新。

除此之外还有其他杂交类，比如姥樱（山樱 × 江户彼岸）、本誓寺枝垂、望月樱等，国内并不常见。另外'杭州早樱'是国内原生种，并不在此范围。

✿ 3. 山樱群

山樱群的栽培品种数量最多。日本分布靠南的野生（红芽）山樱（*Cerasus jamasakura*）和北部原产的大山樱（*Cerasus sargentii*）是两个种，与我国的山樱（*Cerasus serrulata*）也并不完全相同。目前它们和大岛（*Cerasus speciosa*）一并归为山樱群，成为最为庞大的栽培群。其中还细分为诸如山樱系、大岛系、江户系及高砂等等，不再详述。

花期略晚的这些品种被通称为晚樱（里樱），多在庭院内栽植，它们是深受喜爱并被栽培多年的品种。比如关山、松月等等。他们颜色和花瓣、姿态多样，树形并不像其他原始种类那么高大，但显然是经过了多年的培育。花朵或有香味如骏河台香，或如'御车返'、'杨贵妃'花色粉彩耐看，有些像松前早笑则有着'血脉樱'等历史传说。也有很多以华美晚樱为主的知名赏樱景点，比如东京的新宿御园、大阪造币局等等。其中一叶、普贤象、大岛等品种能长成高大的乔木。不仅大山樱，晚樱品种如关山、红华等花色浓烈艳丽。仙台枝垂等山樱系垂樱，在后篇介绍。

山樱类总体虽然适应性稍强，适宜栽培的范围更为广泛，但寿命普遍并不太长，比如大山樱在原产地也不过百余年的寿命，成为古树名木的山樱、大岛樱等也是少数。像吉野山等区域形成的山野景色，现已呈逐渐衰退趋势，说明山樱的树木寿命确实难以和江户彼岸类樱花相匹敌。

在日本多年栽培历史中，樱花品种也曾有不少遗失。如明治维新时代很多变革，樱花树木大量被砍伐。民间人士用了24年，在东京的荒川堤区域陆续收集种植樱花，保存下78个品种三千余株樱花。从那以后，樱花受到重视，不仅指定为天然纪念物，还当作国宝赠给美国华盛顿等地方。那些保留下来的被称为"荒川堤"品种。另外同种异名和同名异种的现象也不少，还有很多因寺庙或地点著名而传播开来的名树，因此日本樱花品种名称特别多。

❀ 4. 寒绯樱群

前文所述的钟花樱和高盆樱（喜马拉雅樱），原产于中国等地，花期较早，树形高大。被引入西方很早，很多著名杂交品种被英国Ingram等培育出来得到广泛应用，如Okame（オカメ），国内追捧品种河津樱、阳光、椿寒樱；还有花期较早的'寒樱'、'大寒樱'、'琉球寒绯樱'、'热海早咲'、'大渔樱'等等，这些品种开花早、花色重，有一定抗性，在长江流域及其以南省区为适栽区域，有些品种更适宜在数百米海拔的山区栽植。北方引种需慎重。北京地区也有阳光等品种栽植，不过仍未获得理想效果。

源于台湾省的红粉佳人
——福建漳平永福镇的台品茶园樱花景观

✿ 5. 现有品种数量

　　基于日本的樱花品种统计：日本花之会登录380个品种，日本森林综合研究所等有500+个；藤原先生的樱花项目列有品种名955个，其中也有不少花型花色近似和重复者，也并不完全涵盖所有品种。1982年的日本花之会出版的《品种樱花手册》收录还不到200个。目前基于欧美的樱花品种300+，与日本收集品种略有不同。我国樱花栽培品种的命名刚刚从随意转到各自认定的初始阶段，得到广泛认可的还不多。国内现有种植者收集的品种都在100+，来源于日本和北美的品种居多，但在实际应用上并未有更丰富的呈现。

总体各地对樱属分类难易如下：国内，复杂略乱；日本，简而丰；欧美，极简。具体请参照各机构官方网站。由于品种数量庞大，一般倾向于按上述种群（亲本血缘）来分。实际很多时候也有按来源分为野生樱、历史名木、荒川堤樱花、古代栽培品种、松前之樱、海外樱等等；按花期分为早樱晚樱；或按花色花瓣数等等。总之，樱属分布起源和演化是一个漫长的历史过程，樱花品种名称正如众多姐妹花绚丽多姿，虽有国内外众多花名册可查实，但谁能保证你查到的是完全科学准确的呢？

樱属作为亚（或独立）属，种类起源日渐简化，也有新发现和未解之题。樱属内种的归纳还有待今后研究探讨，正如现在人们谈起樱花，总是直指"染井吉野"，简约理念如今正深入生活，那些繁复的品种樱花似有被吉野取代的趋势。

我国西南确实是樱属的种类十分丰富的地区，目前仍有大量野生种在等待后人去发现、栽培和归类。国内兴建的樱花景点越来越多，而本地种类的应用却不多。我们需要挖掘，更需要提倡适地适树原则，即根据所处地理气候等条件选用适宜品类，樱花景区才能有更好的效果。

"物物各自异，种种在其中"，樱花品种观赏性，难以一概而论。欧洲甜樱桃里有重瓣的品种；日本樱花也从江户时代喜好重瓣，到如今单瓣的吉野强势蔓延；国内种植者多偏好颜色略重的品种。人们的喜好在变。一个明显趋势是，樱花栽培范围越来越广，世界越来越美丽多姿。

五、缤纷品种

1. 高盆樱

Cerasus cerasoides

　　一百多年前在尼泊尔、泰国等地发现，现自然分布在我国云南、西藏南部，克什米尔、尼泊尔、缅甸北部、越南等东南亚多地。海拔1300～2200米的山林中。又名喜马拉雅樱、冬樱、早樱、Sour cherry 等。

　　乔木，高3～10米，幼枝时绿色，被短柔毛，不久脱落，老枝灰黑色，叶近革质，果可食。据说种子无休眠，其生长特性及分布有待进一步研究。花期10～12月，花瓣初开淡粉色也有白色，伞形花序，花叶同放。萼筒钟状，绿至红色。

云南昆明、大理、丽江、西双版纳等多地有栽植，其中大理无量山樱花谷、大理大学以及昆明道路均有较好景观，在日本东京等地也有栽植。

　　昆明动物园樱花节主角——红花高盆樱（也称云南樱花、海棠等）为重瓣变种，高大乔木（可达30米），花期3月8日前后，花色初开粉白，后期花心花瓣变玫红色，花瓣25片左右。长沙森林植物园等内地平原有引种，但未见良好成景效果。本种北方尚无成功种植先例。

2. 迎春樱

Cerasus discoidea

中国原生种，自然分布于浙江、江西、安徽南部等地区，适应性较好。又名杭州早樱。

小乔木，树形直立略开张，自然态树形、花型变异多。叶、花柄、花萼均被细毛，叶柄托叶苞片呈盘状，顶端可见明显蜜腺。木质较硬，偏棕色，小枝纤细，呈"之"字型。果实红色，偶可食用。秋叶橙红色。

花姿娟秀下垂，伞形花序，2～3朵/花序，花径2厘米，雄蕊较长。花瓣淡粉红，尖端略深，形状略尖。萼筒红色微隆，萼片少反转。原产地初花在2月下旬，北京地区花期3月下旬。栽培花量较多，盛花呈淡纱轻拢效果。

迎春樱是国产原始种，曾长在深山人未识。浙南等地与本地樱桃花期接近，浅山区正月底初花，迎春而开。1993年，浙江一位老师引百株野生苗，分种在杭州太子湾和北京玉渊潭。原引种苗样貌孱弱娇小，花期最早，故起名'杭州早樱'。2006年"早樱报春"景点她一枝独秀，备受瞩目。经播种繁殖多年培育，现已有北方适用植株。国内杭州、无锡、上海植物园、武汉等地均有少量栽培，国外未见栽培。

3. 钟花樱

Cerasus campanulata

　　原产我国浙江、福建、两广、台湾等东南沿海，日本、越南等地也有分布。又名寒绯樱、福建山樱、早樱、绯樱、山樱、福尔摩萨（Formosan cherry）等。

　　落叶乔木，树姿高大挺拔，叶革质或草质。原始种花朵下垂半张，花萼筒与花瓣近等长，颜色鲜艳呈浓红色，多变异。花期较长，在2～3月。

　　台湾日月潭的九族文化园、福建漳平的永福农场、日本冲绳等南部地区，都有以它为主要品种的樱花景区。现在来源于日本、我国台湾等地的杂交选育品种繁多，花型开张或重瓣、半重瓣等。其中源自台湾的单瓣'红粉佳人'一枝独秀，长势强健、开花整齐的效果如同南方的'染井吉野'似的，繁殖应用蔓延开来，华南华东地区也有栽培。尚无原生种在黄河以北地区良好生长的案例，仅少量有其基因的粉红色品种，比如阳光、河津樱、椿寒樱等可种于北京良好小环境下。该种在1930年之前只在中国福建、台湾等地分布，现在国外多地有引种栽培。

单瓣的红粉佳人

福建永福茶园

重瓣品种

单瓣原始种

寒绯樱与大岛樱的自然杂交品种。又名南樱，抗寒性稍弱。

中型乔木，树型开张，先花后叶，新叶呈绿色。花瓣浑圆，初开淡粉，后花心深红。原产地花期在2月前后，赏花期长。

在日本静冈县贺茂郡的河津町，每年早春盛开的粉红色樱花景观就是该品种。饭田胜美于1955年发现，伊豆的胜又光也进行扩繁，1974年正式命名为河津樱。原木60余岁仍健在。由于它花期比吉野更早，颜色浓重花期漫长的特色越来越知名，如今年接待近200万游客，构成东京南部早春灿烂风景，另外日本伊豆、神奈川三浦海岸等地以及我国的上海辰山植物园有本品种景观，山东北京等地有个别引种。

与它相同父母本，还有寒樱、大寒樱、大渔樱、修善寺寒樱、Okame等品种，均有花早色重的特点，受到国内栽培者追捧。

4. 河津樱

Cerasus × *kanzakura* 'Kawazu-zakura'

カワヅザクラ

上海植物园（胡娜拍摄）

5. 椿寒櫻
Cerasus 'Introrsa'
ツバキカンザクラ

　　樱桃与寒绯樱杂交的栽培品种，又名初美人。日本松山市居相町伊予豆比古命神宫（椿神社）最早
培，目前我国浙江、江苏、湖北、重庆、北京等地均有栽植。

　　小乔木，树形伞形。叶密被绒毛，叶质较厚，秋季落叶晚，树枝深红褐色。散房花序，2～6朵/花
，着花量大。萼筒酒杯状，雄蕊较长，花繁簇簇如樱桃，花瓣略皱，色粉红。花期较早，长江流域为
月下旬至3月上旬，北京地区与迎春樱接近。

　　无锡首次进行了特色繁殖，在江南广有栽植。玉渊潭公园于2013年引入，因其抗寒性偏弱，整体观
性易受影响，北方地区栽培宜选择良好小气候并越冬保护。

6. 阳光

Cerasus 'Youkou'

ヨウコウ

属寒绯樱系栽培品种群，为天成吉野与寒绯樱杂交培育。

卵形乔木，树木长势强。枝条颜色紫红，韧性较强。花瓣5片，着花量大，花径大，花色艳丽先花后叶，花期与吉野搭配，颜色对比突出，北京地区花期为3月下旬，略早于染井吉野。果黑色。

日本教师高冈正明历时20余年培育，取名阳光，寓意世界和平。国内南京植物园武汉东湖等地早有栽培，因其色浓而受国人追捧。山东首度作为主打品种大量繁殖，目前浙江已有景区使用其作为行道树。玉渊潭地区陆地栽植后，花期表现并不十分理想，其北方的抗寒性仍需进一步观测。

7. 尾叶樱
Cerasus dielsiana

　　我国原生种，产于苏、皖、鄂、湘、川及两广浅山山谷林地，分布广泛，变异较多。

　　高大乔木，树姿挺拔，整树长势强。特点是小枝及花柄、叶背均密布褐色绒毛，叶片端渐尖，而非长尾尖。果实红色。花开后长萼片反转挡住萼筒，雄蕊很长，花以白色居多，也有淡粉色。着花量大，3～6朵/花序，有总梗，花期早于吉野。

　　在无锡、武汉等长江流域各城镇均已有栽植应用，目前多靠种子繁殖，有用为砧木，与多品种亲和性较好，具应用前景，北方少见栽培。

8. 华中樱
Cerasus conradinae

　　我国原生种，又名康拉樱、单齿樱桃。分布于陕西、河南、湖南、湖北、四川、贵州、云南、广西等多省、自治区500 ~ 2000米海拔山林。

　　乔木，高3 ~ 10米，树型较开张。自然态多有变异，树干色深。伞状花序，花瓣白或粉红色，花瓣5片，雌蕊长于花瓣，花萼、花柄等无毛。北京地区花期3月下旬，早于吉野。

　　我国湖北省咸宁的葛仙山等地，因华中樱自然分布群落有较知名的景观效果，近年来受到关注。国外各地植物园多有引种。其在北京地区陆地越冬能力尚需验证。

9. 中国樱桃
Cerasus pseudocerasus

　　我国北到辽宁，西到陕甘，南到江西、河南等多省都有原产野生，有很多栽培（食用）品种，有红果、黄果等多种变异。日本的启翁樱与之类同，属中国樱桃系。英语称Chinese sour cherry。

　　以青肤樱为例：小乔木，树干灰色、小枝青绿色，北京栽培枝态较乱，幼叶枝密生毛，老叶毛可脱落。枝干节点密生不定根，嫁接亲和性好，易萌蘖，根系不深，抗寒及抗风性一般，小果黄色略红，可食。花期较早，瓣色白，花柄较短开放呈密集状。但花朵均较小。萼筒花柄也密被毛，花萼并不反转。

园内的青肤樱

　　其极易生根，多扦插繁殖。嫁接樱桃易较早结实。其变种大青叶多用于北方嫁接樱花和樱桃，亲和性好，但有不抗根瘤、不耐涝等弱点。

　　据说在古代黄莺特别喜好啄食这种果子，因而名为"莺桃"，也有"会桃"，荆桃，楔桃，英桃，牛桃，樱珠，含桃，玛瑙之称。由于西洋（大）樱桃需要的低温春化时数略多，所以我国东部较多种植大（西洋）樱桃品种，而南方各省仍有较多中国樱桃类品种种植。中国樱桃著名品种有江苏南京的垂丝樱桃、浙江诸暨的短柄樱桃、山东的泰山樱桃、安徽的太和樱桃等等。

10. 江户彼岸

Cerasus spachiana

エドヒガン

除北海道外，日本东北到九州、朝鲜半岛南部、济州岛，我国中南部和台湾省等山地均有自然分布。日本也称之为立彼岸、东彼岸、婆彼岸；我国也称大叶早樱，有雾社樱、野生早樱、长阳樱桃等野生种。抗寒性中等。

大乔木，姿态舒展，叶形窄长，树皮灰色纵裂。花瓣从白色到淡红色，瓣圆而秀丽。叶、花器多毛，典型特征为萼筒顶部呈球形，本种参与杂交的品种多有萼筒隆起特征。栽培条件下开花观赏性好，在长江以南花期略早于吉野。

因古时江户地区（东京）被大量栽培，在春分（3月21日，音Higan同彼岸）时节开放，故此得名江户彼岸。本种可播种繁殖，播种苗变异较多，日本樱花古树名木约八成均属本种类别（含垂樱），其中树径3米以上的‘江户彼岸’巨木，超过40株，这些古树被赋予各种名称。自然寿命较长，如日本三大名樱‘根尾谷淡墨樱’、‘山高神代樱’树龄超千年。但我国较少见栽培，玉渊潭从1999年始栽培并逐年增加。本种的栽培群中最著名品种就是染井吉野。

11. 小松乙女

Cerasus spachiana 'Komatsu-otome'

コマツオトメ

江户彼岸系栽培品种。

乔木，一年生枝条略扭曲，枝芽均细长。花瓣5片，蕾粉红，开后瓣色浅白。先花后叶。北京地区花期为3月下旬至4月上旬。

原木在东京上野公园的小松宫铜像附近，因而得名。北京栽培幼树偶有抽条等现象。近年园内大草坪和鹃樱园等区域有不少生长较好植株。原被认为是江户彼岸近亲品种，后有学者认为其父母本和吉野类品种相近。

12. 垂枝樱

Cerasus spachiana 'Pendula'

シダレザクラ

江户彼岸系，又名丝樱、枝垂樱、糸樱。日本、韩国均有分布。

较大乔木，老树干直立，1~2年生枝条很细长柔软，下垂如柳，是樱花中姿态最为特别的种类。适应性好，长势强健，自然寿命长。叶子细长有毛，枝态个体间有差异。花径2厘米，蕾粉，花单瓣，开后偏白，花萼多毛且有明显隆起。花期比吉野略早或接近。除了枝条下垂的特点以外，花朵、叶片等很多性状类同江户彼岸。播种苗生长多年才能进入盛花期。

日本栽培历史悠久，京都很多寺庙里的古树名木为参天的垂枝樱大树。用垂樱或江户彼岸种子播种，会得到垂樱幼苗，估计是垂樱长寿的原因。我国少见较大垂樱景观。

13. 红枝垂

Cerasus spachiana ‘Pendula rosea’
ベニシダレ

温哥华范杜森植物园

江户彼岸系品种，适应性较好，具有很久的栽培历史。

大乔木，很多特性与垂枝樱一样，枝条下垂性好，生长势也较强。着花密集，花朵比垂樱略大，花瓣略长。花蕾粉红，开放后瓣色从红粉色逐渐变浅白，所以盛花初期因颜色更为鲜艳而引人注目。

日本文物级三大名樱之三春滝樱，即是本种，树龄超千年，被视为当地神树。目前在我国南京樱州以及上海植物园等地都有栽培。集中栽植并留有观赏距离，能形成较好景观效果。北京曾几次引种但未能成景。

14. 八重红枝垂

Cerasus spachiana 'Plena-rosea'

ヤエベニシダレ

江户彼岸系栽培品种，也称丝樱。

大乔木，垂枝状。幼期主枝可直立生长，中老年当年生枝下垂。萼筒壶形至短筒形，花瓣 10 ~ 20 片，花蕾玫粉色，开后变浅淡粉色，先花后叶。花期比吉野略晚。

日本江户时代就开始有的栽培品种，在明治时代仙台市长远藤庸治在仙台广植，并赠送给京都的平安神宫。平安神宫内庭院以华美垂樱而闻名，所以又名'远藤樱'，也叫'平安樱'。国内外有不少以之为主要品种造景，如日本著名的美秀美术馆外，设计师贝聿铭打造了一条路，两侧山坡种满八重红枝垂，如同桃花源一般的景观。玉渊潭公园20世纪90年代曾引进。目前在樱棠春晓景区定植的两株为2006年种植。

平安神宫庭院

美秀美术馆　网页图

15. 染井吉野

Cerasus × *yedoensis* 'Somei-yoshino'
ソメイヨシノ

江户彼岸 × 大岛樱，归为江户彼岸种群的栽培品种。又称东京樱花、日本樱花。栽培范围很广。在更为靠南的地区，如广东、福建，或靠北地区，如日本北海道，表现出不适现象，植株寿命短或树冠残缺。

大型乔木，长势强健，主枝横伸，姿态舒展，树冠较大，成景迅速。较少结实，果黑色。着花量大，3 ~ 7朵/花序。花瓣5片，花近白色略粉，花柄、花萼、叶脉均有毛，萼筒稍有膨大。

染井吉野是典型的杂交优势代表，生长快、花量大的习性，使它迅速成为各景区的骨干品种。现在是大多数日本"樱名所"、韩国、我国中北部等地的樱花节主角，其身世来源引发众多猜测考证。中国国内最早较多种植可能在青岛（1910年前后）等地，多称'东京樱花'，2001年始，玉渊潭通称'染井吉野'。中国植物志将其列为原产日本的种，而日本另有重瓣的'东京樱'品种。亲本相同的吉野类如'天成吉野'、'御帝吉野'、'衣通姫'、'美丽坚'等品种不少。总体观赏寿命三五十年，日本有寿命60年之说，在北部弘前（鹰扬）公园有百岁植株。

大部地区将它作为花期预报的标志木品种，它是众多绘画樱纹样代表。落英纷飞——"花吹雪"的场景最佳诠释。

16. 美丽坚

Cerasus × yedoensis 'America'
アメリカ

吉野类樱花，又称美国樱（akebobo），源于北美。在北京地区抗寒性表现很好。

中型乔木，树形略小，枝条细长伸展。着花更密集，花蕾略尖，花径3厘米，淡粉白色，较吉野花色略重，花期略晚，花朵更耐雨淋，因此更适宜春雨多的地区栽植。

据说是美国加州圣何塞的植松三代，用（源自华盛顿）染井吉野的实生苗中选拔。在温哥华等适宜地区，原有的观赏行道树体型太庞大而影响市政设施，故体型略娇小、抗雨的'美丽坚'更受欢迎，逐渐成为街巷行道主要品种。

有趣的是，英语国家起了日语名字，而日语国家却喊英文——现北美多用名akebono（日'曙'发音）。1965年日本将北美的'曙'引到东京都神代植物园，为区别已有名称'八重曙'，大井次郎以其来源命名为'America'（アメリカ），并不像其他品种那样有汉字，在北京我译为'美丽坚'。另外，还有神代植物园被当作'akebono'种植，后发现不同：其花期略早，花色更艳，不易患丛枝病，1991年被命名为新品种'神代曙'。吉野类品种中，'美丽坚'与'神代曙'犹如吉野的孪生姊妹，花期略有早晚，花色也更为美丽。美丽坚在国内玉渊潭公园、上海植物园等地均有栽植。

17. 小彼岸

Cerasus × *subhirtella* 'Kohigan'
コヒガン

　　原认为是独立种，后推断为江户彼岸与豆樱杂交种。传日本伊豆半岛有野生，栽培后有变异，目前有二倍体和三倍体两类。玉渊潭栽培这种抗寒能力稍弱。也叫彼岸樱。

　　小乔木，树型直立略开张，树皮暗紫褐色，有纵裂纹和表皮剥落纹。枝条纤细，叶与芽均细小具毛，叶缘为重锯齿。长势中等。花瓣5片，花朵娇小下垂，花色淡粉略褐，萼筒、花柄有毛，萼筒有球形隆起，先花后叶，北京地区花期为3月下旬。

　　因为体型较小，可用作庭院栽培或插花用材。曾是玉渊潭公园引种品种中最早开花的种类，1998年引种的原木在2010年（寒冷年）春夏死亡，当年正值日本树木医来园，探查未能发现明显病症，考虑为冻害。国内大叶早樱学名与之相同，是将小彼岸作为原生种来归类，是80年代的观点，也是分类学各家之见。

18. 越之彼岸

Cerasus × subhirtella 'Koshiensis'

コシノヒガン

彼岸系自然杂交而成的三倍体品种，推测为江户彼岸与近畿豆樱杂交而成。

高大乔木，直立杯状树形，枝条斜上伸展，长势较强。树皮灰褐色，有纵向剥裂纹，小枝紫褐色。花瓣5片，初期粉白色，后期花心红色略暗，花萼筒也有较明显的隆起，花朵下垂，先花后叶，花期比吉野略早。

它在日本富山县南砺市蓑谷等区域有野生分布，古时富山等北部一带通称为"越"，所以被叫作'越之彼岸'。1930年被命名，是当地天然纪念物，在高冈古城公园等地遍植。玉渊潭公园在1998年引种，2016年在樱花园西竹径南侧栽植，育苗期大于10年。

19. 八重红彼岸

Cerasus × subhirtella 'Yaebeni-higan'
ヤエベニヒガン

　　江户彼岸系品种，推断为豆樱和江户彼岸杂交品种。

　　中小型乔木，树形较直立，树冠偏聚拢，枝条较细而密集，芽、叶均细小。花径2.0～2.8厘米，花瓣较窄11～20片，开放平展，着花量密集，瓣缘色粉红，后期花心深红。花萼隆起，紫红色具毛，雌蕊长而突出。属于中花期的重要品种。花型与'奖章'（Accolade）、'十月樱'、'思川'等均有相像之处。

　　最早从上海植物园引入北京，因花期正好在早晚樱之间得到发展。现在玉渊潭公园鹂樱苑前有种植。该品种远看效果类似美人梅，适于小庭院配置。

20. 思川

Cerasus × subhirtella 'Omoigawa'
オモイガワ

　　彼岸系杂交品种，由十月樱实生苗选育，推测分别有江户彼岸、大岛、豆樱基因。

　　小乔木，树枝少而长，枝态纤细而舒展，姿态娟秀，长势中等。花瓣8～12片，半重瓣，花朵娇小，瓣略细窄，淡粉色，着花量大，看起来为花枝串串的效果。北方中花期品种。是吉野落花后重要的观赏品种。

　　日本的久保田秀夫育成品种。1954年，他用栃木县小山市小山修道院中的十月樱种子播种，1959年得到美丽的半重瓣樱花，以修道院旁河流——思川而命名，现在为小山市的市花。或许，是因为它纤长而缀满花枝的样子，就像溪流里朵朵的浪花。北京中日友好医院90年代在前庭院，曾植大量思川，现在的樱花园东街，或许因之得名。不过那里早已更换品种，因为它像林黛玉般娇弱而香消玉殒。玉渊潭西门附近屡有种植。

21. 大山樱

Cerasus sargentii

ベニヤマザクラ

原生种，自然分布于俄罗斯、朝鲜、我国北部及日本的北海道北部、本州(中北部)、四国(剑山、石鎚山脉)等地，又称大山樱、红山樱、蝦夷山樱。抗寒性好，不耐热。原产地寿命达数十年甚至百年，在北京地区平均为20余年。

大型乔木，树形多样，有开张型，也有直立聚拢型，品类较多。叶与花柄无毛，新叶铜红，枝色紫红光滑，枝型较粗犷。春季生长期短暂，果黑色，5月底成熟。秋叶多橙红靓丽。北美和北京栽植乔木，可进行播种繁殖，衍生栽培品种较多。

花序伞形，芽鳞片很黏是其较突出的特征。花单瓣，白色或淡粉色。花期略晚于吉野，略有香气。花萼筒色红，偶见萼片反转。

最早因花朵比山樱略大而得名。作为1972年中日建交纪念，大山樱苗在1973年春栽植到玉渊潭等地。初期的悉心呵护，到20世纪80年代声名鹊起，玉渊潭开始播种育苗，并因之而扩建樱花园，成为公园里的"友好大使"。本种无性繁殖较难，种播苗花色、树形各异，在北京玉渊潭年生长量小，成景慢。在鹂樱苑几株老残大山樱树仍在，留春园等地杂交后代逐渐消失。我国南方少见。北美的'Rancho'等为大山樱类直立树形品种。

22. 大岛
Cerasus speciosa
オオシマザクラ

新宿御苑的大岛

　　日本的野生种，自然分布在关东南部伊豆诸岛、伊豆半岛、房总半岛。

　　落叶大乔木，成树姿态开张。特点是叶缘锯齿有芒，叶及花柄等均无毛。花叶同放，新叶绿色。总状花序，萼筒冠状。白色5片花瓣，不完全开张，有芳香。花期比吉野晚。易结实，果实黑紫红色。

　　园林中多有栽培，本身可孤植成景。在日本大岛町还有800年的古树名木。叶有香味，樱叶作为季节限定食品来源。树木材质强韧。在北京有不少栽培，以之为砧木的晚樱抗寒性并不理想。野生偶见半重瓣个体。它被认为是众多里樱品种的母本，现大多归为山樱。

23. 八重红大岛

Cerasus speciosa 'Yaebeni-ohshima'

ヤエベニオオシマ

里樱系栽培品种。

大中型乔木，长势、抗性都较强。幼叶略红，典型的总状花序花瓣18～25枚，蕾淡红色，花色较淡，花叶同放，能结实。花期略早于关山等晚樱，北方属于中花期品种。

和'大岛樱'一样，有较强抵御海风的能力。玉渊潭鹂樱园周边20世纪92年左右开始栽植，为补充中花期品种，曾组培繁殖批量植株。但因花叶同放，观赏效果并不十分出色。

24. 山樱花

Cerasus serrulata

ヤマザクラ

原产我国、日本及朝鲜等多地，在我国南北各省广泛分布，适应性强。是众多里樱品种的原始种，依靠播种繁殖，适应范围较广，寿命也较长。

大乔木，树姿挺拔，高大多样，树干灰白色，有横纹。新叶呈绿色或略微红，叶表面、花柄、花柱等基本无毛，花序总状或伞形，萼筒管状。花为白色5瓣，多花叶同放。花期接近吉野，常有香味。果黑色，不能食。

在中国台湾山樱特指野生的钟花樱。在日本，山樱（Cerasus jamasakura）特指一类新叶红色，花叶同放种，多分布于本州以南。注意俗称易相混。著名的吉野山千本樱即是人工栽植的山樱，花期参差，此起彼伏。因为种子繁殖也有成为古树名木的山樱。玉渊潭在樱花园北侧、东北湖岸等地较多种植，属于自然杂交，树形花色各异，如同千人千面，偶见重瓣花。

25. 仙台枝垂

Cerasus serrulata 'Sendai-shidare'

シダレヤマザクラ

里樱系垂枝樱（栽培品种），又名吉野枝垂、枝垂山樱等。

落叶小乔木，树高4米左右。枝型横伸，曲折如虬枝，枝条比彼岸系列垂枝要粗壮。嫩芽绿色带黄褐色。花叶同放。花瓣白色5片，较平展。花萼筒管状，基本无毛，略有旗瓣，花期略晚于山樱。

国内依靠它应用的典型景观较少，北京2006年开始栽植，仅有少量并不突出。最早由仙台地区广为栽植。原垂樱就是江户彼岸系，后来各系列都有下垂倾向明显的品种被选出，观赏性上未见超越前者的品种。

26. 白妙

Cerasus serrulata 'Sirotae'

シロタエ

荒川堤保留品种，里樱系栽培品种。

落叶中型乔木，枝型粗壮，叶大，树势较壮。花朵较大，纯白色，10～15瓣，瓣形宽圆略皱，外缘略有红晕。花型松散开张。在八重樱中花期较早。有香味，花叶同放，新叶黄绿色。

虽然在荒川堤的白妙和雨宿有所区别，但两者极为相似不好区分，遗传物质也类似。是较典型的三倍体代表。玉渊潭公园在樱花园大雪松处集中栽植该品种。

27. 胡蝶^❶

Cerasus serrulata 'Kocho'
コチョウ

里樱系栽培品种。

5 ~ 8米高小乔木，树枝较
粗，主枝不多，叶两面无毛，叶
缘芒状锯齿。花瓣5片，偶有旗
瓣，花径3 ~ 5cm，花叶同放，
花瓣较圆聚拢半开状。花白色外
缘淡红，花期为4月上旬。果实
紫黑色。

原来是日本京都仁和寺里面
的樱树，盛开时满树花朵像蝴蝶
纷飞的样子，所以起名"胡蝶"。
玉渊潭公园1992年引入品种，现
樱花园西北门内有两株。

---

❶ "胡蝶"二字为日文品种的汉字。

松前公园光善寺内的血脉樱原株

28. 松前早咲

Cerasus × *sieboldii* 'Matsumae-hayazaki'
マツマエハヤザキ

日本北海道松前公园代表品种，又名南殿、血脉樱。曾列为高砂系：霞樱×高砂。基因检测却由豆樱、大岛、山樱等构成，现归为里樱系，具抗寒性。

乔木，树形伞形开张。花蕾红，花半重瓣，花瓣12～16片，花开平展。初开花瓣外缘有淡淡红晕，花心粉白，而后心变深红，花瓣上粉色网纹如血脉，萼筒花柄基本无毛。在松前地区花期接近吉野，在北京地区属中花期。"咲"（音同"笑"）为花开之意，是花期较早的重瓣品种。

原株在松前公园的光善寺内，已近300岁。日本北海道最南端的松前町地区，历史上有较多奈良时代南来之臣带来重瓣樱，后经栽培演化出独特品种，但本种在本州各处并无踪迹。江户中期（1818年）记载，传说寺院住持曾因扩建寺庙欲伐掉樱树，梦到年轻女人求赐"血脉"，醒来领悟到那是樱花树幻化的精灵，由此老樱得以延续。松前公园内大量种植，标'南殿'。血脉樱、云龙院的霞樱、天神坂门夫妇樱是松前公园著名三大樱。夫妇樱是一株嫁接了吉野和松前早咲两个品种的樱树。

需注意的是'南殿'有同名异种：日本本州各处的品种'高砂'也叫作'南殿'；京都御所紫宸殿南侧'左近之樱'也叫'南殿'（位置名）。'高砂'花萼筒花柄和叶子有毛，花态多有近似。

29. 松前红绯衣
Cerasus serrulata 'Matsumae-benihigoromo'
マツマエベニヒゴロモ

　　日本北海道松前浅利政俊1961年选育品种，高岭樱 ×
里樱。具有较好抗寒性。

　　小乔木，枝条颜色灰白，树势中等。花径3.5厘米，花
瓣色白中带淡粉，开放平展，花瓣15～20片，花瓣顶缘有
细碎裂纹与红晕，样貌独特。后期花心颜色转深红，变色特
点、花期与松前早咲接近。玉渊潭1996年引入品种。

松前红绯衣

红丰

红丰

Cerasus serrulata 'Beni-yutaka'
ベニユタカ

高砂系品种，松前早咲×龍雲院红八重，杂交乔木，较直立，新叶略有红色，枝棕褐色。花朵较平展，花瓣15片左右，花色淡玫红，后期花心深红浓重。萼筒为红紫色。玉渊潭1992年引入品种。

30. 苔清水

Cerasus serrulata 'Kokeshimidsu'
コケシミズ

东京荒川堤栽培的里樱品种。

树形中等，姿态类似于'思川'，树枝舒展纤长。花单瓣略白，先端外缘粉红。因花芽集中、花朵开放成簇，开放后特点是花瓣相互之间不重叠。

1916年三好学就有发表记载。日本房总半岛有自然分布。玉渊潭公园于1998年引入品种，经筛选嫁接多年成苗，2016年始种植在鸸樱园内。

31. 太白

Cerasus serrulata 'Taihaku'
タイハク

里樱系栽培品种。

大乔木，树枝较直立斜向上，长势较强。花纯白色，花瓣5片，花径较大为5~6厘米，开花平展，花叶同放，新叶绿色，树势中等，花期比吉野略晚。

'太白'字意为大白花。玉渊潭1992年引入，曾误为'有明'，园内现有4株。日本品种'驹繋'和'車駐'与之基因相同，属于同种异名。

英国的弗里曼太太（Freeman）早期（约1900年）从日本引进过该樱花，种植在苏塞克斯花园（Sussex garden）。1923年，英国园艺家Collingwood Ingram在研究与搜集樱花时发现该樱花处于垂死的状态，采取扦插繁殖并因此保存了这棵大白花品种。1930年，Ingram在日本樱花研究家船津静作所藏的樱花图谱中，发现了这个当时在日本已灭绝的美丽的白色庭院品种名称。1932年，Ingram将接穗送给"京都御室"的香山益彦，由佐野藤右卫门进行嫁接繁殖栽培，此后才得到广泛栽培。

32. 千里香

Cerasus serrulata 'Senriko'

センリコウ

里樱系栽培品种。

中小型乔木。花白色，花瓣外缘略有粉晕，略皱，有旗瓣现象，香味浓郁。花期、花态与'大提灯''雨宿''有明''滝香''白妙'等半重瓣品种类似，属于晚樱里面有香味，且花期较早的三倍体品种。

东京荒川堤种植的品种，因花芳香得名。与品种'有明'相似。玉渊潭1997年引种后，原单株抗性表现不佳，没有得到大量繁殖，目前展区尚未栽植。

骏河台香

Cerasus speciosa 'Surugadai-odora'

里樱系（荒川堤）栽培品种。

小型乔木。花白色，单瓣偶有旗瓣，花瓣5～7枚，花瓣端有细碎裂，初开香味明显。花柄并不下垂，花叶同放，新叶绿色略红。

因原株在骏河台的宅邸里发现，故得此名。传说是香味最浓的品种。2006年曾和'阳光'一同引种到玉渊潭。

33. 大提灯

Cerasus serrulata 'Ojochin'
オオヂョウチン

里樱系（东京荒川堤）栽培品种。

大乔木，开张伞形。新叶红褐色，伞房花序4～5朵，花蕾粉红，开放后白色略带淡粉晕，花瓣圆形略皱，花瓣5～12片，偶有旗瓣。微有淡香，将开时花苞聚拢圆润如灯笼。

它是在《花壇地錦抄》(1695)中可以看到名字的古老品种。三倍体。

34. 一叶
Cerasus serrulata 'Hisakura'
イチヨウ

新宿御苑的一叶

原东京荒川堤的里樱系栽培品种。

　　大乔木，新叶绿色，成树丰满开张，显得华美雍容。花淡红重瓣，20～25瓣，花径5厘米左右。萼片全缘，花朵开放较为平展，花心雌蕊叶化1～2片，花心一片小绿叶，由此得名"一叶"。花开繁茂，花色淡雅。

　　属于重瓣晚樱中开放较早的品种，东京、新宿御苑等地种植有非常大的乔木。易与'松月'相混，后者花柄更长，花朵更圆润，萼片常多于5片，树型偏小，花朵更圆润密集。两者皆十分受人喜爱，是浅色重瓣的华美代表品种。

35. 郁金

Cerasus serrulata 'Grandiflora'
ウコン

里樱（东京的荒川堤）栽培品种，也叫浅黄、黄樱、黄金樱等。

中型乔木，树冠较直立。花蕾有红晕，初开色为黄绿色，中期浅白，后期花心变红，瓣中有一泛红条纹。花瓣8～20片，花径3～4.5厘米，花期略早于关山。

樱花品种总体是浅白到粉红色系，黄绿色较为稀少。本品种是较早培育的，因为其花色相似姜黄植物（郁金）而得名。同属黄色的品种'御衣黄'，是花叶同放，瓣正中的红绿条纹更宽更鲜明的品种，其遗传物质与郁金很接近，花朵间会偶见变异，好像你中有我的感觉。在北京树势不太强，多年来补充种植仍属于稀缺少数。黄绿色品种还有'园里黄樱'、'园里绿龙'、'须磨浦普贤象'等后续培育出来。而名为'绿樱'的品种实际为花白色的绿萼樱。

36. 松月

Cerasus serrulata 'Superba'
ショウゲツ

　　里樱系（东京荒川堤）栽培品种。我国中部大部地区适宜栽培。

　　小乔木，伞状，新叶绿色微赤，成树长势不太旺盛。花瓣21～30片，花较大，5厘米，花蕾嫣红，开放时外缘粉红花心粉白，颜色洁净，花瓣外缘细碎裂。花柄很长，花姿下垂，开放较为圆润。大树的花芽密集，花开朵朵聚集成球，沉在枝头的姿态十分优美。典型特征：花萼有清晰的锯齿，萼片常多于5片。北京地区花期为4月中旬。

　　本品种与'一叶'近似，后者属大树，花期更早，花朵较平展，萼片全缘。玉渊潭园内原有不少栽培，怒放时节花团锦簇的效果，十分吸引人，但近年数量很少了。

37. 天之川
Cerasus serrulata 'Erecta'
アマノガワ

里樱系（东京荒川堤）品种，又名银河（天の川）。

树型直立，枝条紧凑向上生长，适合庭院种植。花朵较大，花瓣10～20片，白色，瓣缘淡红，花姿向上，花叶同放，着花量大。

适宜庭院种植。条条树枝直立，盛花亦如银河，故名天之川（日语银河的意思）。白色的花也作"七夕"祈愿的寓意。北京地区花期4月上中旬。

38. 关山
Cerasus serrulata 'Kanzan'
カンザン

古典樱花栽培品种，适应性强，世界范围内广泛种植，我国各地区常见。

杯状树形大乔木，树势较强，枝条较长的老年期，会弯垂成伞状。花瓣20～50片，花径5厘米左右，花朵开张丰满，颜色玫粉，色重，近花叶同放。幼叶褐色至紫红色，萼片全缘，偶有6片。

原日本东京荒川堤栽培品种。由于花朵大、颜色重，故腌渍花朵多用本品种。国内北方早期"日本樱花"的代表品种，在山东翟村、浙江四明山一带有较多栽培景观，以及网红的德国波恩和加拿大的温哥华街道等。

关山的菊瓣

通常类似关山的品种为'八重'，花瓣为30～50片，特殊栽培条件下偶尔会开为菊瓣。将正常栽培仍然花瓣极多的品种，称为菊樱，也叫'千重'——细窄的花瓣超过100多片，但不属于雄蕊瓣化，仍有40～50片雄蕊，花朵如菊，形态极丰满圆润。菊瓣品种有很多，如'善正寺菊樱'、'气多之白菊''来迎寺菊樱''梅护寺数珠挂樱'等古树名木，也有'名岛樱''突羽根'等品种、其中不少都具有'两段笑'——也就是花心有个花蕾能再开放的现象。

39. 普贤象

Cerasus serrulata 'Albo-rosea'

フゲンゾウ

　里樱系（东京荒川堤）栽培品种。适应性强，中部地区较为常见，里樱中适应范围较广的品种。

　树型高大，伞状树型，枝干强壮，长势较快。花瓣20～50片，花蕾为略暗的粉白色，雌蕊与花萼呈褐色，初开色白，花叶同放，后期花心变为粉红色。花心的雌蕊前端弯曲，其形状与普贤菩萨所乘大象的鼻子相似而得名。

　本种也是容易产生变异的里樱代表，如黄绿色的'须磨浦普贤象'；红、白普贤象等。北京花期为4月中下旬，属花期较晚的主打品种。

40. 海猫
Cerasus 'Umineko'
ウミネコ

由英国 C. Ingram 培育的，豆樱与大岛樱杂交品种，欧美常见栽培。

窄冠直立类似天之川，树枝向上生长，少有横向伸展。花纯白色，花瓣5片浑圆。小花柄稀疏有毛，花叶同放。

因为直立，树冠不很大，适宜小庭院栽植，也有应用为行道树。

40个樱花种与品种特征一览表

编号	品种(种)	拉丁文名	树形	树高	花色	花径/厘米	花序	花瓣数/片
1	高盆樱	*Cerasus cerasoides*	直立	乔木	白色至深粉色	2 ~ 3.5	伞形	5
2	迎春樱	*Cerasus discoidea*	多种	小乔木	淡粉色	2.0 ~ 2.5	伞形	5
3	钟花樱	*Cerasus campanulata*	广卵状	小乔木	深红紫色至红色	2.5 ~ 3.0	伞形	5
4	河津樱	*Cerasus ×kanzakura* 'Kawazu-zakura'	卵状	乔木	淡红紫色	3.5 ~ 4.0	伞房	5
5	椿寒樱	*Cerasus* 'Introrsa'	伞形	小乔木	红粉色	2.5 ~ 3.0	伞形	5
6	阳光	*Cerasus* 'Youkou'	卵状	乔木	红紫色	4.0 ~ 4.5	伞房	5
7	尾叶樱	*Cerasus dielsiana*	多种	乔木	白色至粉红色	2.0 ~ 3.0	伞形	5
8	华中樱	*Cerasus conradinae*	多种	乔木	白色至粉红色	2.0 ~ 3.0	伞形	5
9	中国樱桃	*Cerasus pseudocerasus*	杯形至卵形	小乔木	白色至淡红色	2.0 ~ 3.0	伞形	5
10	江户彼岸	*Cerasus spachiana*	广卵形	乔木	白色至淡红色	1.5 ~ 3.0	伞形	5
11	小松乙女	*Cerasus spachiana* 'Komatsu-otome'	伞形	乔木	粉红白色	2.5 ~ 3.0	伞房	5
12	垂枝樱	*Cerasus spachiana* 'Pendula'	垂枝形	乔木	粉红白色	2.5 ~ 3.0	伞形	5
13	红枝垂	*Cerasus spachiana* 'Pendula rosea'	垂枝形	乔木	淡红紫色	1.5 ~ 2.0	伞形	5
14	八重红枝垂	*Cerasus spachiana* 'Plena-rosea'	垂枝形	乔木	淡红紫色	2.0 ~ 2.5	伞形	5
15	染井吉野	*Cerasus ×yedoensis* 'Somei-yoshino'	伞形	乔木	淡红	2.5 ~ 3.5	伞形	5
16	美丽坚	*Cerasus ×yedoensis* 'America'	广卵形	乔木	淡红色	3.0 ~ 4.0	伞形	5
17	小彼岸	*Cerasus × subhirtella* 'Kohigan'	广卵形至杯形	乔木	淡红紫色	3.0 ~ 4.5	伞形	5
18	越之彼岸	*Cerasus ×subhirtella* 'Koshiensis'	杯形	小乔木	淡红色	2.0 ~ 2.5	伞形	5
19	八重红彼岸	*Cerasus ×subhirtella* 'Yaebeni-higan'	卵形	乔木	淡红色	3.0 ~ 3.5	伞形	5
20	思川	*Cerasus ×subhirtella* 'Omoigawa'	扫帚形	小乔木	淡红色	2.5 ~ 3.0	伞形	10 ~ 20

编号	品种（种）	拉丁文名	树形	树高	花色	花径/厘米	花序	花瓣数/片
21	大山樱	*Cerasus sargentii*	伞形	小乔木	淡红紫色	2.5 ~ 3.0	伞房	5
22	大岛	*Cerasus speciosa*	多杆	乔木	白色	4.0 ~ 5.5	总状	5
23	八重红大岛	*Cerasus speciosa* 'Yaebeni-ohshima'	杯状	乔木	微淡红色	4.5 ~ 5.5	总状	5
24	山樱花	*Cerasus serrulata*	广卵形至杯形	乔木	白色至淡红白色	2.5 ~ 3.5	伞房	5
25	仙台枝垂	*Cerasus serrulata* 'Sendai-shidare'	垂枝形	小乔木	白色	3.0 ~ 3.5	伞形	5
26	白妙	*Cerasus serrulata* 'Sirotae'	卵形	乔木	白色	5.0 ~ 6.0	伞房	10 ~ 20
27	胡蝶	*Cerasus serrulata* 'Kocho'	杯形	乔木	淡红色	4.0 ~ 4.5	伞形	5 ~ 15
28	松前早咲	*Cerasus × sieboldii* 'Matsumae-hayazaki'	广卵形	小乔木	淡红紫色	4.5 ~ 5.0	伞形	10 ~ 20
29	松前红绯衣	*Cerasus serrulata* 'Matsumae-benihigoromo'	杯形	乔木	淡红紫色	4.0 ~ 4.5	伞房	5 ~ 10
30	苔清水	*Cerasus serrulata* 'Kokeshimidsu'	杯形	小乔木	淡红色	3.5 ~ 4.0	伞形	5
31	太白	*Cerasus serrulata* 'Taihaku'	杯形	乔木	白色	5.5 ~ 6.0	伞房	5
32	千里香	*Cerasus serrulata* 'Senriko'	广卵形	乔木	白色	4.0 ~ 5.0	伞房	5
33	大提灯	*Cerasus serrulata* 'Ojochin'	伞形	乔木	淡红白色	4.5 ~ 5.0	伞房	5 ~ 10
34	一叶	*Cerasus serrulata* 'Hisakura'	广卵形	乔木	淡红白色	4.5 ~ 5.0	伞房	20 ~ 30
35	郁金	*Cerasus serrulata* 'Grandiflora'	广卵形	乔木	黄绿色	4.0 ~ 4.5	伞房	10 ~ 25
36	松月	*Cerasus serrulata* 'Superba'	伞形	小乔木	淡红色	4.0 ~ 5.0	伞房	20 ~ 25
37	天之川	*Cerasus serrulata* 'Erecta'	柱形	小乔木	淡红色至淡红白色	3.0 ~ 3.5	伞房	10 ~ 20
38	关山	*Cerasus serrulata* 'Kanzan'	伞形	乔木	红紫色	4.5 ~ 5.5	伞房	20 ~ 50
39	普贤象	*Cerasus serrulata* 'Albo-rosea'	卵形	乔木	淡红色	4.5 ~ 5.5	伞形	30 ~ 50
40	海猫	*Cerasus* 'Umineko'	杯形至扫帚形	小乔木	白色	3.0 ~ 3.5		5

参考文献

[1] 三好学. 櫻. [M]. 東京: 富山房, 1938.

[2] 日本のサクラ種. 品種マニァル. [M]. 東京: 日本花の会, 1982.

[3] 川崎哲也等. 日本の桜. [M]. 東京: 山と溪谷社, 1993.

[4] 勝木俊雄. フィールドベスト図鑑Vol.10. 日本の桜. [M]. 東京: 学習研究所 (Gakken), 2001.

[5] 大场秀章, 川崎哲也等. 新日本の桜. [M]. 東京: 山と溪谷社, 2007.

[6] 俞德俊. 李朝栾. 中国植物志. 38卷 [M]. 北京: 科学出版社, 1986.

[7] 王贤荣. 中国樱花品种图志. [M]. 北京: 科学出版社, 2014.

[8] 王青华等. 中国主要栽培樱花品种图鉴. [M]. 浙江: 浙江科学技术出版社, 2015.

[9] 永田洋, 浅田信行等. さくら百科. [M]. 東京: 丸善株式会社, 2010.

[10] 大场秀章. Flora Of Japan: Vol IIb [N/OL] 講談社, 2001.

[11] 本田正次, 林弥荣. 日本のサクラ. [M]. 東京: 诚文堂新光社, 1974.